Einstein through High School Math.: Ideas of Science
Kuniyoshi SAKAI
University of Tokyo Press, 2016
ISBN978-4-13-063362-8

はじめに

　問題集やパズルの本でどうしても解けなかった問題が、ヒントを見ただけで解けることがある。効率よい学習法を求める人にはそれでよいのだろうし、手に負えない問題はインターネット検索や、質問サイトが解決してくれるかもしれない。そうすれば、「自力では解けない」という事実から目を背けることができ、何より自分のプライドが傷つかずに済む。そして、本当に問題を解決する能力はいつか身に付くはずだと思って、とりあえず先送りにすればよい──。
　しかし脳の感受性が豊かな十代のうちに、そうした「自ら考えることを放棄する」習慣を付けてしまったら、どうなるだろうか。さらに、そのはっきりした自覚がないまま大学や大学院に進んでしまったとしたら、それは想像するだけでも恐ろしい。
　自ら考えるということは、できるだけ「天下り」の知識を鵜呑みにしないことだ。知識の世界を駆け抜けるだけで「分かったつもり」になることは極力止めよう。それには、科学者たちがどうやって未知の問題を解決してきたかを知ることがとても役立つ。発見に至る彼らの苦悩や葛藤を、自らの糧として受け止めるのだ。そうして曇りのない目で世界を直視し、真理の前に徹底的に謙虚になる必要がある。
　そこで本書では、「なぜそのように考えるのか」、「なぜそのように面倒に思えるようなことをするのか」という疑問に対して、できるだけ丁寧に答えようとした。また、高校の理科の知識は仮定せず、一から科学の基礎を学んでいって、一つひとつ学習してきたことが広がっていくように、読者に寄り添って道草を楽しみながら解説した。
　本書は、『科学という考え方──アインシュタインの宇宙』（中公新書、2016）の姉妹編である。基本的な説明は両者で少しだけ重複する

部分があるが、互いに補完し合うように書かれている。本書の各講のタイトルでは、最初の3文字がキーワードで、サブタイトルに新書との対応を示した。

　元の原稿は、一連の講義録としてまとめて執筆されたが、紙数の関係で全体のほぼ半分を本書として独立させた。新書の第1講から第8講には、考え方の熟成過程や歴史的な背景をまとめてあるので、並行してお読みいただきたい。続く本書の第9講から第11講では、2分割しなかったためフルサイズの分量になっており、相対論、素粒子論、分子運動論などについて最新の知見を交えて解説している。そして最後に新書の最終講が来る。本書は、難解とされる相対論などを本格的に扱っているところに特色がある。

　専門書では数式の使用に制限がないために、一般の読者、特に高校生以下には敷居が高すぎる。一方、一般書となると数式をできるだけ省くのが慣例である。しかし、数式を全くなくしてしまうと、隔靴搔痒の感は否めない。数式は科学の世界を語るために必要な「言語」であるから、数式に触れることは、本物のサイエンスに近づく第一歩である。

　本書のタイトルにある「高校数学でわかる」とは、高校数学の知識を前提にするという意味ではなく、使用する数式を高校の初等レベルに限ったということである。つまり、義務教育である中学数学を思い出しながら読み進められる読者を想定している。微分記号や積分記号は使わないが、極限や平均変化率の考えは取り入れた。速度や軌道の接線といった物理的な考え方は微分法の導入そのものであり、仕事やポテンシャルは積分法の導入となっている。本書ではあえて微分積分の公式を全く使わずに、多少泥臭くても数式に込められた考え方を丹念に示すことを優先した。また、行列の初歩までを含めたが、その基礎は丁寧に解説してある。☆を付した部分は読者への課題として残してあるので、紙とペンを使いながら考えて頂きたい。

　高校生を対象とした国際数学オリンピックの問題範囲に微分積分学や行列は含まれないが、国際物理オリンピックでは相対論が含まれる。

高校数学では、行列と複素数の単元を入れ替えてきた経緯がある。しかし、そうした高校までの「範囲」は、逆に「それ以外は勉強しなくて良い」という誤解を生んでいる。他にも、数学や物理の勉強が公式の暗記であるとか、物理は数学の応用だとの誤解がある。そうしたことを一度すべて忘れて、考えることの楽しさを取り戻して欲しい。学問や知的好奇心に「範囲」などないのだから。

　主な数式は①②③のように表し、各講ごとに振り直した。単に「①式」とあれば、同じ講に出てくる式を示している。数式にアレルギー反応をもつ読者が少なからずいるかもしれない。だがそれは、実際のアレルギーと違って害がないどころか、素晴らしい知的体験となるはずだ。しかも使われている数学は、高校数学の大部分の項目に亘っていて、何一つ無駄なことはない。とにかく頭を使うことを厭わずに、本質を理解した人にだけ見える澄み切った景色に到達してほしい。

　本書では索引を充実させた。索引に載せた用語や人名（本文でも原則として敬称は略した）は、初出時や特に説明を加えたところで太字にしてある。読み進めていくうちに用語に疑問を感じたら、索引を使って前出のところに戻ってみるとよい。また、索引を利用して1つの用語を順に追っていけば、理解が徐々に深まるようにしてある。本文に張り巡らされた伏線は、この索引を使いこなすことで明らかになるだろう。

　引用箇所はそのページを載せたので（pp. は複数のページを示す）、興味を持たれた読者は、オリジナルの本や論文で前後の文脈を補って頂きたい。なお、訳者名を記したもの以外は、すべて引用者による訳であり、[　]内は特に断らない限り引用者の注釈である。図解については、前著やその他の文献から引用したものもあるが、多くは本書のために大塚砂織さんに描き下ろして頂いた。エスプリの利いたイラストを描いて頂いたことにお礼を申し上げたい。

　本書に関わる最初の準備は、東京大学教養学部の1、2年生を対象として開講した文理共通の選択総合科目「科学という考え方」（2009-2011年度）だった。この講義は、理系必修講義として担当していた「力学」

(2006-2014 年度)の内容を発展させたもので、自由にテーマと内容を選んだ。準備の第 2 段階は、朝日カルチャーセンター新宿教室の講座「科学という考え方」(2014 年 7-9 月期、10-12 月期)であった。この講座は文理を問わず一般の受講者を対象としたもので、19 歳から 80 歳代までの幅広い参加者があり、沢山の質問や意見を頂いた。その受講者の 1 人、東京大学教養学部 3 年生の吉田仁美さんには、最初の原稿に目を通してわかりにくい箇所を数多く指摘して頂いた。また、前東京大学教育学部附属中等教育学校副校長(物理)の村石幸正先生には、物理教育の現状を踏まえて、原稿の細部に至るまでコメントを頂いた。この場を借りて厚く感謝したい。著者自身、分かりやすい説明を工夫しているうちに、自然の奥深さが垣間見えるように感じたことが幾度となくあった。その思いを読者と共有できたなら、望外の喜びである。

　終わりに、本書の編集を担当頂いた岸純青氏(東京大学出版会編集部)、そして本の制作スタッフの皆様に心よりお礼を申し上げたい。

平成 28 年 1 月 東京・代々木にて

著　者

目　次

はじめに　i

第1講　数学美とは——科学的な思考について　1

　数学美というセンス　1／円錐曲線と2次式　3／フィボナッチ数列の意外性　4／フィボナッチ数列比の極限　7／無限連分数の再帰性　9／幾何学の美　11／物理定数と定義式　12

第2講　法則性とは——原理と法則　15

　線形関係　15／論理と命題　16／論理と因果関係の関係　18／波としての光　19／アインシュタイン-ド・ブロイの関係式　20／光の関係式　22／テイラー展開と近似則　22／極限則としての比例法則　23／極限則としての逆2乗則　24

第3講　周期性とは——円から楕円へ　27

　三角比と三角関数　27／惑星間の軌道半径比の測定　28／ケプラーの第2法則　29／ケプラーの第2法則の意味　31／角運動量保存則の意味　34／ケプラーのさらなる苦悩　35／ケプラーの霊感と確信　36／楕円の性質　37／ケプラーの第1法則　39

第4講　太陽系とは——ケプラーからニュートンへ　41

　ケプラーの第3法則　41／対数らせんの法則　43／対数らせんとフラクタル　45／太陽系の法則　47／奥の深い問題 その1　48／ニュートンの運動の法則　48／ケプラーの法則から万有引力の法則へ　51

第5講　相対性とは——ガリレオからアインシュタインへ　53

　ガリレイ変換のすべて　53／「運動の法則」の不変性　55／ガリレイ変換の

もとでの「速度の合成則」 56／ガリレイ変換のもとでの斜交座標系 57／特殊相対性原理 58／ローレンツ変換の導出 61／ローレンツ変換の意味 64／ローレンツ変換のもとでの「速度の合成則」 65／ローレンツ変換のもとでの「速度の変換式」 66／ローレンツ変換のもとでの斜交座標系 67／「時間の伸び」の相対性 68／「ローレンツ収縮」の相対性 70／奥の深い問題 その2 72

第6講 不変量とは——仕事とエネルギー 73

いろいろなエネルギー 73／微小変位と微小仕事 74／ヘルムホルツによる保存の原理 75／運動エネルギーの変化と仕事 76／力学的エネルギーの保存則 77／不変式と不変量 79／固有時という不変量 81／相対論的運動量の定義 82／相対論的エネルギーの発想 84／質量とエネルギーの等価則 85

第7講 遠心力とは——慣性力の再検討 89

「場」とポテンシャル 89／ポテンシャルと保存力 91／等速円運動の加速度 92／遠心力の式 94／遠心力による位置エネルギー 94／遠心力と対数らせん 96／遠心力ポテンシャル 97／回転するバケツ内の水 98／ニュートン力学は相対論と矛盾する 99／ダランベールの原理 100／アインシュタインの等価原理 101

第8講 重力場とは——地球から宇宙へ 105

弱い重力場での時計の遅れ 105／万有引力ポテンシャル 107／双子のパラドックス 108／運動方向に垂直な光の伝播 111／テンソルの導入 115／アインシュタインの重力場方程式 118／「宇宙項」というアイディア 120／相対論による物理法則の修正 121

第9講 対称性とは——相対論の奥深い世界 123

光の軌跡の対称性 123／斜交座標系の対称性 125／空間と時間の対称的な変換 125／ローレンツ逆変換 127／行列と群 128／ローレンツ逆変換と逆行列 131／ローレンツ逆変換と斜交座標系 132／奥の深い問題 その2（第5講）の答 135／運動量とエネルギーのローレンツ変換 135／相対論的な力 138／運動量とエネルギーの関係式 139／対称性と保存則 140／ネーターの定理 141／電荷と電流 142／電場と磁場 144／「ゲージ」

という考え方　145／相対論的な電流密度　146／電磁場のローレンツ変換　149／電磁波の実体　151／相対論で結びつく物理量の対称性　152／負の運動エネルギー？　153

第10講　素粒子とは——極微の対称性　155

ディラック登場　155／ディラックの冒険　157／ディラックの回想　158／「反粒子」の発見　160／ローレンツ力の導出　163／対生成と対消滅　165／磁石を2つに切ったら……　165／ディラックの帰還　167／不連続な変換　169／パリティの破れ　171／クォークの発見　174／ニュートリノ天文学の誕生　175／ニュートリノ振動の発見　176／4つの力　177／対称性の自発的破れ　178／質量の起源　179

第11講　原子論とは——力学的決定論から確率論へ　183

熱力学とは　183／熱平衡と準静的過程　184／カルノーの定理　185／「熱素」をめぐる論争　186／熱力学の第1法則と第2法則　187／熱力学第1法則　188／熱力学第2法則　188／熱と仕事は等価でない　189／エントロピーとは　190／エントロピーの増大則と熱的死　191／カルノーの定理の証明　193／ボルツマン登場　195／ブラウン運動の不思議　196／決定論と確率論　198／気体分子運動論の前提　199／巨視状態と微視状態　200／運動エネルギーの配分の仕方　201／配分の例　203／分子の速度分布　205／ボルツマンのひらめき　207／ボルツマン分布　208／「負」の温度　210／ボルツマンのH定理をめぐって　211／時間平均と位相平均　212／熱力学第3法則　213／生物と「負のエントロピー」　214／確率論と人間　217

索　引　219

カバーおよび本文イラスト：大塚砂織

第1講 | 数学美とは——科学的な思考について

　科学的な思考の基礎には数学がある。数学はあらゆる学問の中で、人間の五感から最も遠いものであり、図形やグラフのように実際に「見える」部分は限られている。しかし、数学の透徹した奥深さに触れるとき、揺るぎのない思考の基盤を与えてくれることがわかるだろう。

　数学の役割は、厳密な定義や論理だけではない。容易には定義できなくとも、そこにあるとしか言いようのない「数学美」が、深い理解を根底で支えているのだ。

　数学美の例として、惑星の公転軌道（第3講と第4講）に現れる「円錐曲線」を最初に紹介する。次に、言語や数学の基礎である「再帰性」について、フィボナッチ数列を例にして説明する。また、アインシュタインの思考を支えていた数学美の一端として、ピタゴラスの定理の証明法を見てみよう。

数学美というセンス
　「数学美」の基本的な要素として、「単純性・対称性・意外性」の3つが挙げられるだろう【酒井邦嘉『脳を創る読書——なぜ「紙の本」が人にとって必要なのか』p.62 実業之日本社 (2011)】。なお、「対称性」については、第9講と第10講で詳しく紹介する。

　円や**楕円**は、単純で対称的な図形の代表例だが、実は**放物線**や**双曲線**の仲間である。円のように1周で閉じた曲線が、放物線のように両端が開いた曲線に関連するということには、意外性があるだろう。実際、これらの曲線はすべて直円錐（中心軸が底面と垂直な円錐）を切ったとき、断面に現れる曲線であり（図1-1）、「円錐曲線」と呼ばれる。

　円錐曲線の最初の発見はギリシャ時代にメナイクモス（Menaichmos,

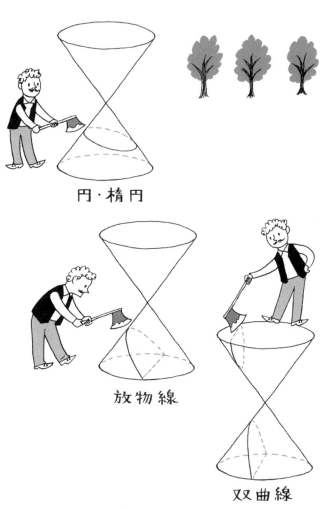

図 1-1　円錐曲線

375-325 B.C.）によってなされ【矢野健太郎『数学史』p.36 科学新興社 (1967)】、ペルゲのアポロニオス（Apollōnios Pergaios, 250 B.C. 頃）によって詳しく研究された【アポッロニオス（竹下貞雄訳）『円錐曲線論』大学教育出版 (2009)】。その精妙な論証に加えて、**接線**（ある曲線上の2点を通る直線で、その2点を限りなく近づけたときの直線）や**漸近線**（ある曲線上の点が、無限遠で限りなく接近していく直線）、そして夥しい補助線を目の当たりにすると、人間の優れた知力は、2,500年以上もの間、何ら変わっていないことが納得される。

さて、後に正しいと証明されるような数学的予想は、どうやって着想されるのだろうか。思いついた時点では証明されていないのだから、それが必ずしも「論理的な思考」に基づくものでないことは明らかだ。人間には、時に論理を超えて、真理を見つける能力が備わっているに違いない。それは、勘や直感と呼ばれることもある無自覚な洞察力である。

そして、奥深い真理が腑に落ちたときには、「目から鱗が落ちる」とか「美しい」といった感覚が伴う。この「美的センス」は、数学に必須の能力と言えるかもしれない。そこには、数学者に特有の価値判断がある【加藤文元『数学する精神――正しさの創造、美しさの発見』pp.119-131 中公新書 (2007)】。

円錐曲線と2次式

頂点を共有するように上下を反転させた2つの円錐のうち、一方のみを切るような断面が楕円（ellipse）であり、円錐の側面を掃く線（母線と言う）と平行となる断面は放物線（parabola）である（図1-1）。また、2つの円錐の両方にわたって切るような断面は双曲線（hyperbola）である。ギリシャ語で省略（不足）・比較（同等）・誇張（過度）のことを、それぞれellipsis, parabole, hyperboleと言うから、これらはまさに円錐曲線の語源である。

さて、3次元座標 (x, y, z) で円錐曲線を描くとき（z 軸を円錐の中心軸とする）、その曲線を表す式は2次式となる。つまり、式には x^2

や y^2 などが現れ、それ以上の次数のものは現れない。2次式となる理由は、円錐の頂点を原点として、**円錐面**（円錐の母線を回転して得られる側面）を式で表すと、次のような2次式となるからである。

$$a^2\left(x^2+y^2\right)-z^2=0 \quad (a>0) \quad ── \quad ①$$

この①式については、円錐面を xy 平面と平行に切った断面を、$x^2+y^2=r^2$ という半径 r の円として表すとき、母線を表す直線の式が $z=\pm ar=\pm a\sqrt{x^2+y^2}$ となることで証明できる（z の式の両辺を2乗して、移項すればよい）。

母線と平行となる平面を、例えば $z=ay+b$ $(b\neq 0)$ と表そう。①式に $y=\dfrac{1}{a}(z-b)$ を代入して、次のようになる。

$$a^2\left\{x^2+\frac{1}{a^2}(z-b)^2\right\}-z^2=0, \quad a^2x^2+(z-b)^2-z^2=0,$$
$$a^2x^2+z^2-2bz+b^2-z^2=0, \quad a^2x^2-2bz+b^2=0,$$
$$2bz=a^2x^2+b^2 \quad \therefore z=\frac{a^2}{2b}x^2+\frac{b}{2}$$

この式は、xz 平面に投影した放物線を表す（$\therefore$ は「すなわち」を意味する数学記号）。b が正なら、$z\geq\dfrac{b}{2}>0$ より（$\geq$ は等号付き不等号）$z>0$ の範囲にある逆さまの円錐を切ることになり、断面には上に広がった、下に凸の放物線が現れる。逆に b が負なら、$z<0$ の範囲にある円錐を切ることになり、確かに上に凸の放物線が現れる。

さらに、$z=cy+b$ $(c\geq 0)$ という断面では、①式が $c<a$ なら楕円（$c=0$ なら円）を、$c>a$ なら双曲線を表すことを確かめてみよう（☆）。

フィボナッチ数列の意外性

ガウス（Carl Friedrich Gauss, 1777-1855）は、「数学は科学の女王であり、整数論は数学の女王である」【ガウス（高瀬正仁訳）『ガウス整数論』p.i 朝倉書店 (1995)】と述べた。ここで整数の示す、意外で奥深い一

面を見てみよう。

1, 1, 2, 3, 5, 8, 13, 21, ⋯ という整数（自然数）の数列は、「**フィボナッチ数列**」と呼ばれる。この数列では、隣り合う2項を加えると次の項が得られるようになっている。

つまりフィボナッチ数列 a_n ($n \geq 1$) は、$a_1 = 1, a_2 = 1$ とするとき、次の「漸化式」で表せる。

$$a_{n+2} = a_n + a_{n+1} \quad \text{──②}$$

では、一般項 a_n について、他の項を使わずに n だけを含む数式で表すにはどうしたらよいだろう。これはかなりの難問だが、自力で解けるだろうか。その1つだけの正解は、次のようになる。

$$a_n = \frac{\left(\frac{1+\sqrt{5}}{2}\right)^n - \left(\frac{1-\sqrt{5}}{2}\right)^n}{\sqrt{5}} \quad \text{──③}$$

すべて整数から成る数列の一般項が、③式のように、$\sqrt{5}$ という無理数を使って表されているところに意外性がある。③式は、一見したところ複雑だ。しかし、フィボナッチ数列を深く知れば知るほど、その美しい規則性がわかってくる。

③式は、次のような「**数学的帰納法**」を用いて証明できる。まず、③式の n に 1 を代入して、第1項を求めてみよう。

$$a_1 = \frac{\left(\frac{1+\sqrt{5}}{2}\right) - \left(\frac{1-\sqrt{5}}{2}\right)}{\sqrt{5}} = \frac{(1+\sqrt{5}) - (1-\sqrt{5})}{2\sqrt{5}}$$
$$= \frac{2\sqrt{5}}{2\sqrt{5}} = 1$$

次の第2項も同様である。

$$a_2 = \frac{\left(\frac{1+\sqrt{5}}{2}\right)^2 - \left(\frac{1-\sqrt{5}}{2}\right)^2}{\sqrt{5}}$$
$$= \frac{(1+2\sqrt{5}+5)-(1-2\sqrt{5}+5)}{4\sqrt{5}} = \frac{4\sqrt{5}}{4\sqrt{5}} = 1$$

さらに a_n と a_{n+1} が③式の形で表されるとき、その両方を②式の右辺に代入して計算すれば、次のようにして左辺の a_{n+2} が③式の形で表せる。式の数は増えるが中間の変形を丁寧に示したので、たどって頂きたい。

$$a_{n+2} = \frac{\left(\frac{1+\sqrt{5}}{2}\right)^n - \left(\frac{1-\sqrt{5}}{2}\right)^n}{\sqrt{5}} + \frac{\left(\frac{1+\sqrt{5}}{2}\right)^{n+1} - \left(\frac{1-\sqrt{5}}{2}\right)^{n+1}}{\sqrt{5}}$$

$$= \frac{1}{\sqrt{5}}\left[\left\{\left(\frac{1+\sqrt{5}}{2}\right)^n + \left(\frac{1+\sqrt{5}}{2}\right)^{n+1}\right\} - \left\{\left(\frac{1-\sqrt{5}}{2}\right)^n + \left(\frac{1-\sqrt{5}}{2}\right)^{n+1}\right\}\right]$$

$$= \frac{1}{\sqrt{5}}\left\{\left(\frac{1+\sqrt{5}}{2}\right)^n\left(1+\frac{1+\sqrt{5}}{2}\right) - \left(\frac{1-\sqrt{5}}{2}\right)^n\left(1+\frac{1-\sqrt{5}}{2}\right)\right\}$$

$$= \frac{1}{\sqrt{5}}\left\{\left(\frac{1+\sqrt{5}}{2}\right)^n\left(1+\frac{2+2\sqrt{5}}{4}\right) - \left(\frac{1-\sqrt{5}}{2}\right)^n\left(1+\frac{2-2\sqrt{5}}{4}\right)\right\}$$

$$= \frac{1}{\sqrt{5}}\left\{\left(\frac{1+\sqrt{5}}{2}\right)^n\left(\frac{1+2\sqrt{5}+5}{4}\right) - \left(\frac{1-\sqrt{5}}{2}\right)^n\left(\frac{1-2\sqrt{5}+5}{4}\right)\right\}$$

$$= \frac{1}{\sqrt{5}}\left\{\left(\frac{1+\sqrt{5}}{2}\right)^n\left(\frac{1+\sqrt{5}}{2}\right)^2 - \left(\frac{1-\sqrt{5}}{2}\right)^n\left(\frac{1-\sqrt{5}}{2}\right)^2\right\}$$

$$= \frac{\left(\frac{1+\sqrt{5}}{2}\right)^{n+2} - \left(\frac{1-\sqrt{5}}{2}\right)^{n+2}}{\sqrt{5}}$$

したがって、a_3 以降のすべての場合が逐次的に証明された。

どのように考えたら③式が導けるのか、気になる人もいるだろう。そのヒントは、③式の括弧内の無理数が、どちらも②式に対応する2次方程式 $x^2 = 1+x$ の解 x だということだ。実際、$1+x = x^2$ であることが、上の証明中で使われている。

この2つの無理数を用いて、フィボナッチ数列の一般項が次の形になっていると予想してみよう。

$$a_n = a\left(\frac{1+\sqrt{5}}{2}\right)^n + b\left(\frac{1-\sqrt{5}}{2}\right)^n$$

ここで、係数 a と b を求めたい。フィボナッチ数列の最初の2項は次のようになる。必要な式は、最初から2つ与えられていたのだ。

$$a_1 = a\left(\frac{1+\sqrt{5}}{2}\right) + b\left(\frac{1-\sqrt{5}}{2}\right) = 1$$

$$a_2 = a\left(\frac{1+\sqrt{5}}{2}\right)^2 + b\left(\frac{1-\sqrt{5}}{2}\right)^2 = 1$$

この2式を連立方程式と見なすと、$a = 1/\sqrt{5}$, $b = -1/\sqrt{5}$ と解ける（☆）。これが唯一の解である。ここまで丹念に式をたどってきた読者は、③式が自然と脳裏に焼き付いていることだろう。たとえ数日後に忘れてしまったとしても、上の考え方で再び求められるに違いない。③式を公式として暗記する必要はないのだ。また、公式ではなく「考え方」を身につけた方が、例えば $a_1 = 1, a_2 = 2$ とした場合にも応用が利く。

ただし、一部の公式は覚えておくことが望ましい。例えば、$ax^2 + bx + c = 0$ $(a \neq 0)$ の解の公式 $x = \dfrac{-b \pm \sqrt{b^2-4ac}}{2a}$ は、正確に記憶しておきたい。

フィボナッチ数列比の極限

フィボナッチ数列の隣り合う2項の比（**フィボナッチ数列比**と呼ぶ）を取ると、面白いことがわかる。

$$\frac{1}{1} = 1, \frac{2}{1} = 2, \frac{3}{2} = 1.5, \frac{5}{3} = 1.66\cdots, \frac{8}{5} = 1.6, \cdots$$

この比は、大きくなったり小さくなったりするのを繰り返すが、図1-2のように振れ幅がすぐに小さくなって、一定の値 x に収束する。つまり、次のようになる。

第1講 数学美とは——科学的な思考について

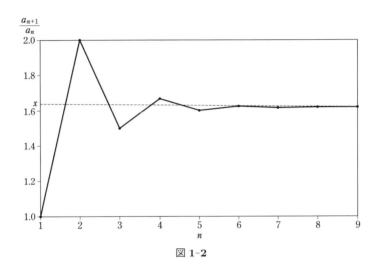

図 1-2

$$\frac{a_{n+1}}{a_n} \to x \quad (n \to \infty)$$

n が限りなく大きいという**極限**を、無限を表す ∞ という記号を使って、$n \to \infty$ と書く。さて、先ほどの漸化式②の両辺を a_{n+1} で割ると、次式が得られる。

$$\frac{a_{n+2}}{a_{n+1}} = \frac{a_n}{a_{n+1}} + 1 \quad \text{---} \quad ④$$

④式の左辺は隣り合う 2 項の比なので、n が限りなく大きい極限で x となる。右辺の第 1 項は、隣り合う 2 項が分母と分子で左辺とは逆になっているから、同じ極限で x の逆数となる。すると、④式の極限は次のようになる。フィボナッチ数列比のグラフ（図 1-2）からわかるように、x はゼロではない。

$$x = \frac{1}{x} + 1 \quad \text{---} \quad ⑤$$

⑤式の両辺に x を掛ければ、先ほどと全く同じ 2 次方程式 $x^2 = 1 + x$ が得られる。フィボナッチ数列比の極限値は正の数だったから、この 2

次方程式 $x^2 - x - 1 = 0$ の2つの解のうち、正の値の解が x である。

$$x = \frac{1+\sqrt{5}}{2} = 1.61803\cdots \quad —— \quad ⑥$$

この値は「**黄金比**」と呼ばれ、ギリシャ時代から知られる無理数である。縦の長さを 1、横の長さを x とする長方形は、最も均整の取れた形として、絵画の構図などにも使われてきた。

一方、負の解は、正の解 x と次のような単純な関係があることを、実際に $x = \frac{1+\sqrt{5}}{2}$ を代入して確かめよう（☆）。

$$\frac{1-\sqrt{5}}{2} = 1 - x = -\frac{1}{x} \quad —— \quad ⑦$$

以上のように、フィボナッチ数列と黄金比の間には、切っても切れない不思議な縁があるのだ【伏見康治、安野光雅、中村義作『美の幾何学——天のたくらみ、人のたくみ』pp.39-44 中公新書 (1979)】。

無限連分数の再帰性

⑤式を使って、さらに奥深い世界を見てみよう。まず、⑤式の右辺第1項と第2項の順を入れ替える。⑤式は x と $1 + \frac{1}{x}$ が等しいと言っている。であれば、右辺 $1 + \frac{1}{x}$ の「x」のところに「$1 + \frac{1}{x}$」を代入しても良いはずである。すると、次式が得られる。

$$x = 1 + \cfrac{1}{1 + \cfrac{1}{x}} \quad —— \quad ⑧$$

この「x への代入」という操作をさらに繰り返すと、次式のようになる。

$$x = 1 + \cfrac{1}{1 + \cfrac{1}{1 + \cfrac{1}{1 + \cdots}}} \quad —— \quad ⑨$$

このような無限に続く分数を「**無限連分数**」と言う。⑨式には数字が 1 しか現れないので、これは無限連分数の最も簡単な例である。その 1

図 1-3 オイラー

に対して足し算と割り算を交互に繰り返しただけなのに、その計算結果は、左辺の値、すなわち無理数の黄金比と等しくなるのだ。無理数は、小数点以下に不規則な数字が並ぶから、規則的な計算が行き着く極限値としての意外性がある。

そうした無限に続く操作を初めて体系的に研究したのは、「近代数学の父」と呼ばれる**オイラー**（Leonhard Euler, 1707-1783）であった（図1-3）。

連分数を駆使すれば、$\sqrt{2}$ はもちろん、$\log 2$ のような対数、そして π（ギリシャ文字パイ、**円周率** 3.14159…）や e（**ネイピア数**、2.71828…）が、次のように無限連分数で表せる【レオンハルト・オイラー（高瀬正仁訳）『オイラーの無限解析』pp.316-343 海鳴社 (2001)】。なお、本書で底の書かれていない対数 log は、e（ネイピア数）を底とする**自然対数**である。

$$\sqrt{2} = 1 + \cfrac{1}{2 + \cfrac{1}{2 + \cfrac{1}{2+\cdots}}} \qquad \log 2 = \cfrac{1}{1 + \cfrac{1}{1 + \cfrac{4}{1 + \cfrac{9}{1+\cdots}}}}$$

⑨式と比較すると、左の式では + の前の数が2つ目から2に変わっている。右の式では、分母に来る「分子」が $1^2 = 1, 2^2 = 4, 3^2 = 9,$ … という数列に変わっている。

$$\cfrac{1}{e-1} = \cfrac{1}{1 + \cfrac{2}{2 + \cfrac{3}{3+\cdots}}} \qquad \cfrac{\pi}{4} = \cfrac{1}{1 + \cfrac{1}{2 + \cfrac{9}{2 + \cfrac{25}{2+\cdots}}}}$$

左の式では、⑨式で1だった所が、1, 2, 3, … と変わっている。右の式では、+ の前の数が分母の2つ目から2に変わり、さらに分子が $1^2 = 1, 3^2 = 9, 5^2 = 25, …$ という数列に変わっている。

これらの無限連分数は、まさに数の魔法である。このように無限連分数で表せる π や e、そして虚数単位 i（後述）や関数 $f(x)$ といった重要な数学記号を初めて導入したのもオイラーだった。オイラーの著作は850を超える超人的な量で、全集も今なお未完だという。

無限連分数のように、計算結果にさらに同様の操作を繰り返す性質を、「**再帰性**（recursivity）」と言う。人間の言語は、再帰性を扱う能力を基礎としていることが、言語学者**チョムスキー**（Noam Chomsky, 1928-）によって明らかにされている【ノーム・チョムスキー（福井直樹、辻子美保子訳）『生成文法の企て』pp.68-70 岩波書店 (2003)】。数学的思考もまた、深い意味で言語能力に支えられていることが、脳研究で最近明らかになっている。

幾何学の美

幾何学で最も有名な定理といえば、「**ピタゴラスの定理**」であろう。これは、直角3角形において、直角を挟む2辺の2乗和（それぞれの辺の長さを2乗して、両者を加えたもの）が斜辺の2乗に等しいという定理である。

さまざまな証明法が知られているが、ここでは、**アインシュタイン**（Albert Einstein, 1879-1955）が12歳のときに見つけた証明を紹介する【A. Einstein (Translated and edited by P.A.Schilpp), *Autobiographical Notes*, p.9, Open Court (1979)】。

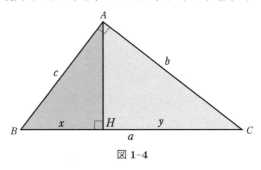

図 1-4

直角3角形 △ABC において、直角の頂点 A から斜辺に1本の垂線を引き、その垂線の足を H とする。すると、△ABC, △HBA, △HAC はすべて相似3角形である（☆）。各辺の長さを図1-4のようにおいて、対応する辺の相似比から、次の2つの式が得られる。

$$x : c = c : a \quad\text{—}\quad ⑩$$
$$y : b = b : a \quad\text{—}\quad ⑪$$

また、次式が成り立つ。

$$x + y = a \quad\text{—}\quad ⑫$$

式⑩から x を求め、式⑪から y を求めて、両者を式⑫に代入すると、次式のようになって定理が証明される。

$$\frac{c^2}{a} + \frac{b^2}{a} = a \quad \therefore a^2 = b^2 + c^2 \quad\text{—}\quad ⑬$$

幾何の問題が、⑫式のような代数の問題に帰着しているところに、アインシュタイン独自の洞察力をみることができる。まさに「栴檀は双葉より芳し（天才は子供の頃から優れているという喩え）」である。

物理定数と定義式

「物理定数」とは、例えば光の速さ（光速）のように決まった数値であり、光速は c という特別な記号で表される（第5講）。表式をできるだけ単純にするため、2π で割った値が物理定数として用いられることもある。

定数や変数が表す意味は、「**定義式**」で定められる。例えば、**虚数単位 i** は次のように定義される。

$$i \equiv \sqrt{-1} \quad\text{—}\quad ⑭$$

本書では、定義式の等号を「≡」と書いて、一般の等式と区別する。⑭式は、「虚数単位 i は -1 の平方根と定義する」という意味である。

虚数単位を含む数は**複素数**と呼ばれており、実験で直接測れる数値ではないが、物理学のさまざまな分野で活躍する。

$$i^2 = -1 \quad —— \quad ⑮$$

⑮式は一般の等式の例で、「虚数単位 i の 2 乗は -1 と等しい」という意味であって、定義式ではない。なお中学などの数学では、$1+2=3$ のような数の計算で等号 = が現れる「等式」と、$2x=3$ のように未知数 x が含まれる「方程式」が区別される。

定義式はそのどちらとも違っていて、左辺に書かれた新しい記号を数や式で定義するために使われる。つまり、定義式は新たな約束事にすぎないので、証明を必要としないし、疑問を差し挟む余地もない。また、定義式はもちろん、前提や仮定に用いた式は、解くべき式や論証すべき式と混同してはならない。

ところが、定義式を述べた後で、「その式はどうして成り立つのですか？」という質問を学生から受けたことがある。そうした誤解をなくすためにも、定義式は「≡」を使って明示するのが望ましい。

第2講 | 法則性とは——原理と法則

　科学で用いられる「**原理（principles）**」は、最も基礎的で普遍性のある命題である。それゆえ、他の法則の前提となるものであり、別のことで導かれることなく、それ自体が独立している。一方、「**法則（laws）**」は、原理や他の法則と関連した命題である。ただし原理に関しては、「なぜ原理が成り立つか」という疑問を保留して、それが「自然の摂理」だと考えてよいので、原理の方が法則よりも格上なのである。

　自然界で見られるさまざまな「法則性」は、2つの現象の関係として捉えるのが基本である。一方が変われば他方も変わるような関係を「**相関関係**」という。また、一方が原因で他方が結果となるとき、両者の関係を「**因果関係**」という。

　第2講では、光の法則性を例として説明する。それから、「近似則」や「極限則」といった法則性の捉え方を見てみよう。

線形関係

　2つの数値（xとy）の間に比例の関係が成り立てば、その関係は1次式（例えば$y = ax + b$）で表され、グラフに書けば直線となる。このような場合を特に「**線形関係**」と言う。このaのことを一般に比例係数と言う。線形関係は、最も単純明快な法則の例である。

　累 乗（同じ数を何回か掛け合わせること、「べき」）で表される関係は相関関係であるが、累乗の逆算である「対数」を取ってグラフに書けば、線形関係で表せる。

　累乗の関係には、例えば$y = x^2$と$y = 2^x$のように2通りある。両者は全く違った関数であることに注意したい。xに0, 1, 2, 3, 4, 5, 6, 7, … を入れると、前者のyは0, 1, 4, 9, 16, 25, 36, 49, … と変わり、後

者の y は 1, 2, 4, 8, 16, 32, 64, 128, … と変わる。x が大きくなると、後者の方が急な増加を示す。これらの数値を実際にグラフに書いて確かめてみよう（☆）。

$y = x^2$ のような関数を「**べき関数**（power function）」と呼び、$y = 2^x$ のような関数を「**指数関数**（exponential function）」と呼ぶ。前者の実例は第4講に出てくる。後者の典型は「ねずみ算」であり、急な増加が想像できよう。

両辺の対数（10を底とする**常用対数**）を取ると、$y = x^2$ は $\log_{10} y = 2\log_{10} x$ となり、$y = 2^x$ は $\log_{10} y = (\log_{10} 2) \times x$ となる。すると、前者は両対数グラフ（縦軸と横軸の両方に常用対数を取ったグラフ）を、後者は片対数グラフ（縦軸だけに常用対数を取ったグラフ）を使えば、線形関係で表せる。

自然現象をそうした線形関係でとらえるのが、科学的な考え方の第一歩である。

論理と命題

真か偽かが判定できる文を**命題**（条件文）と言うが、命題の扱いは論理的な思考の基礎なので、要点をまとめておく。

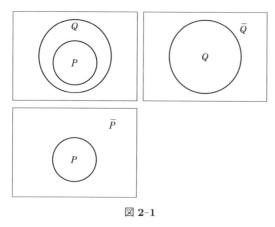

図 2-1

命題 p と q を組み合わせた「p ならば q である」という命題文では、p が仮定で q が結論である。例えば、「その生物が脳を持つならば、その生物は動物である」という命題は正しく、「真」である。

この例のように、

「その生物」という要素（元）x に対して、「その生物が脳を持つ」という命題を $p(x)$ と表し、「その生物は動物である」という命題を $q(x)$ と表す。このとき、$p(x)$ を真とするような x の集合を P、$q(x)$ を真とするような x の集合を Q とする。

「p ならば q である」が成り立つとき、集合 P は必ず集合 Q に含まれる。つまり、P の元はすべて Q の元になっていて、P は Q の部分集合である（記号で $P \subseteq Q$ と表す）。オイラーの考案した**オイラー図**（慣用的にはベン図と呼ばれる）を用いれば、P と Q を円で表すことで、両者の包含関係が示される（図 2-1 左上図）。また逆に、P が Q の部分集合であるとき、「p ならば q である」という命題文が成り立つ。

よく知られているように、命題「p ならば q である」が真であっても、仮定と結論を入れ替えた逆の命題「q ならば p である」は、必ずしも真ではない。例えば、ヒトデやクラゲのように、動物であっても脳を持たない生物があるから、「その生物が動物ならば、その生物は脳を持つ」という逆の命題は真ではない。命題文は、一方向ごとに分けてそれぞれ吟味する必要がある。

命題「p ならば q である」に対して、「q でなければ p でない」とするのが「**対偶**」である。ある命題が真ならば、その対偶も必ず真となる。このことは、オイラー図を使えば、直ちに示される。全体の集合を円の周りの 4 角で表し、Q の元をすべて取り去った残りの集合（**補集合**と言う）を $\bar{Q}$ と表す（図 2-1 右上図）。同様に P の補集合を $\bar{P}$ と表すと（図 2-1 左下図）、$\bar{Q}$ は必ず $\bar{P}$ に含まれるから、$\bar{Q}$ は $\bar{P}$ の部分集合である（記号で $\bar{Q} \subseteq \bar{P}$）。したがって、「$q$ でなければ p でない」となる。このようにオイラー図は、論理を目で見えるようにする優れた発明なのだ。

ちなみに、3 つのオイラー図で対応する円の大きさを見比べると、大きさが違って見えるが、これは錯覚である。

さて、p が真で命題「p ならば q である」が真のとき、記号で $p \Rightarrow q$ と表す。$p \Rightarrow q$ では、p によって q が十分保証されるから、p は q の**十**

分条件と言う。また、q でなければ p が保証されないから、q は p の必要条件と言う。さらに、$p \Rightarrow q$ かつ $q \Rightarrow p$ のとき、p と q は同値（必要十分）であるという。

論理と因果関係の関係

　論理を、因果関係（法則）に当てはめてみよう。$p \Rightarrow q$ という真の命題は、「原因 p が存在したなら、必ず結果 q が生じる」と表せる。因果律においては、原因（仮定）は、結果（結論）よりも時間的に必ず過去である。この命題の対偶を正確に書くと、「結果 q が生じないなら、原因 p は存在しなかった」ということになる。これは確かに正しい。この時間的な順序関係が因果関係の基礎にあることを、しっかりと覚えておきたい。

　さらに、一方向の因果関係だけでなく、その逆方向も因果関係となる場合がある。例えば2人の間の助け合い、あるいは諍（いさか）いでは、一方向の因果関係の結果が、逆方向の因果関係の原因になりうる。

　ここで次の文を考えてみよう。(子どもが)「しかられると勉強する」という真の命題を機械的に対偶にすると、「勉強しないとしかられない」という、真とは言えない変な命題になってしまう。しかし、元の命題を「しかられたなら（原因）、勉強するようになる（結果）」という因果関係と正しく捉えれば、問題が解決する。その対偶は、「（今）勉強していないなら、（その前に）しかられなかった」となるからだ。同様に、「しかられないと勉強しない」という命題【I. C. フリッカー編『ひらめき思考 Part III（別冊サイエンス）』pp.38-40 日経サイエンス社 (1982)】も吟味してみよう（☆）。

　さて、(良い子は)「しかられなくても自分で勉強する」かもしれない。つまり、他の原因 p' で同じ結果 q が生じる可能性があれば、そうした因果関係は「弱い」ものと見なされる。可能性のある原因や結果が限られている場合は個々の場合を調べればよいが、未知の原因が含まれる場合には因果関係の検証にたいへんな努力が必要となる。

元の「原因 p が存在したなら、必ず結果 q が生じる」という命題に加えて、その逆である「結果 q が生じるなら、必ず原因 p が存在していた」ということ、つまり、結果 q を生じさせるのは常に原因 p のみであって、他の原因 p' のためではなかったということが証明できれば、「原因 p によって (if)、そしてその原因 p によってのみ (only if)、結果 q が生じる」ことになって、原因と結果の「同値性」が示される。このとき英語では、"if" の代わりに "iff" と表記する習慣があり、"if and only if" と読む。

波としての光

具体的な関係や法則の例として、「波」について考えよう。一番基本的な「波」は、高校の物理で学習する「**正弦波**」である（図 2-2）。正弦波の**波長**（1 周期分の距離）を λ（ギリシャ文字ラムダ）と表し、**振動数**（単位時間あたりの振動回数）を ν（ギリシャ文字ニュー）と書く。振動数は**周波数**とも言う。

波が伝わる速さ c は、波が単位時間あたりに進む距離である。波長 λ の波が単位時間あたりに ν 周期分振動したと考えれば、次の関係式が成り立つ。

$$c = \lambda \nu \quad —— \quad ①$$

眼で見える光（**可視光**という）は、波長がおよそ 0.4 から 0.8 マイクロメートル（1 マイクロメートルは 1 メートルの百万分の 1）の範囲にある電磁波だ。**電磁波**とは、電場と磁場の周期的変化が正弦波として伝わる現象で、文字通り波としての性質を持つことが知られている（第 9 講）。

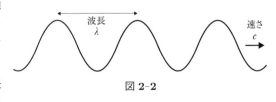

図 2-2

可視光で最も波長が短い紫色の光よ

り、波長がさらに短い光が**紫外線**であり、可視光で最も波長が長い赤色の光より、波長がさらに長い光が**赤外線**である。どちらも目に見えないが、強い光線は皮膚の細胞などに影響を与える。実際、紫外線は日焼けの原因となり、赤外線は熱中症の原因となる。暑い夏は、太陽からの恵みであるはずの光がサービス過剰になる季節なのだ。

アインシュタイン-ド・ブロイの関係式

　物質に波長の短い光を当てると、物質内の電子が光のエネルギーを吸収して、物質の外に飛び出すことがある。これが「**光電効果**」と呼ばれる現象である。アインシュタインは、光が粒子として振る舞うと考えれば、光電効果がうまく説明できることに気がついた。

　そこでアインシュタインは、光の粒を「**光量子**(ドイツ語でLichtquanta)」と命名した。今では、光を粒子と見なすときに「**光子**(フォトン)」と呼ぶのが一般的である。光を粒と考えるのが「**光量子仮説**」であり、相対論の最初の論文などと同じ1905年に発表されたため、この年は「奇跡の年」と呼ばれている。この時アインシュタインは、弱冠26歳だった。

　この光量子仮説により、それまで波と考えられてきた光は、その振動数νのみで決まるエネルギーEを持った「粒子」、すなわち光子と見なされるようになった。なお光速は一定なので、波長でエネルギーが決まると考えてもよい。アインシュタインは、光子「1粒」のエネルギーが次式で表されると考えた。

　　$E = h\nu$　——　②

　ここでhは「**プランク定数**」と呼ばれ、その単位はジュール[J]と秒[s]の積である。ジュールはエネルギーの単位であり、hは[エネルギー×時間]という単位を持った定数($6.6260693 \times 10^{-34}$ J·s)である。

　数式で表せたからといって、その正しさが保証されるわけではなく、

その点は普通の言葉や命題と何ら変わらない。②式は、始め「仮説の式」として提唱されたが、その後さまざまな実験事実によって正当性が確かめられたので、法則と認められたわけだ。

ある振動数 ν の光子は、②式のエネルギーよりさらに小さなエネルギーを持つ粒には分けることができない。このような「最小単位」のことを「**量子**」と呼ぶ。ミクロの世界では、光のエネルギーが光子の数で決まっていて、$h\nu, 2h\nu, 3h\nu, \cdots$ という、「とびとびの値」しか取りえないのだ。ただ $h\nu$ 自体はごく小さな値なので、マクロの世界ではエネルギーが連続値を取ると考えてよい。この $h\nu$ のことを、特に**エネルギー量子**と呼ぶ。

②式の右辺に波の振動数があることからわかるように、右辺は「**波動性**」を表す。一方その左辺は光子1粒が持つエネルギーだから、左辺は「**粒子性**」を表している。つまり②式は、波動性から粒子性を導き出す重要な法則なのである。

その後、アインシュタインの光量子仮説にヒントを得た**ド・ブロイ**（Louis de Broglie, 1892-1987）は、それまで粒子と考えられてきた電子が波動性を持つという、大胆な考えに至った。これが1923年に発表された「物質波仮説」である。

電子の**運動量**（物体の**質量**と速度を掛け合わせた「運動の量」）を p とする。この物質波仮説によれば、電子の波長 λ は次式で表される。

$\lambda = h/p$ —— ③

③式の右辺に運動量があることからわかるように、右辺は「粒子性」を表す。一方その左辺は電子の波長だから、左辺は「波動性」を表している。つまり③式は、粒子性から波動性を導き出す重要な法則なのである。②式と③式は、合わせて「**アインシュタイン-ド・ブロイの関係式**」（ダッシュ〔-〕で複数の人の名前を結ぶ）と呼ばれており、量子論の要となる法則である。

その後1930年代前半には、電子線を物質に当てる技術を応用して、

光学顕微鏡よりさらに小さなものが見られる**電子顕微鏡**が開発された。電子顕微鏡では、可視光という電磁波の代わりに、電子の波動性が利用されている。光と電子に関する理論がいち早く実用化された例であった。

光の関係式

③式は電子に限らず、どんな量子に対しても（光子を含めて）成り立つと仮定しよう。アインシュタイン–ド・ブロイの関係式（②式と③式）からプランク定数を消去すると、光子の持つエネルギーと運動量の間に次の関係式が導ける。

$$E = h\nu = p\lambda\nu \quad \text{───} \quad ④$$

①式 $c = \lambda\nu$ より、④式は次のようになる。

$$E = cp \quad \text{───} \quad ⑤$$

⑤式は、両辺共に光子の粒子性を基礎としている。この光子に関する関係式は、相対論で重要な役割を果たすため（第6講）、相対論で初めて得られる関係式だと誤解されることが多い。しかし、この関係式は19世紀の電磁気学で既に明らかになっていた。電磁気学の法則によれば、電磁波のエネルギーと運動量を求めることができ、結論として得られる関係は⑤式と一致する。

つまり⑤式は、光の電磁波としての理論、光の光子としての量子論、そして相対論が渾然一体として結びついたものなのだ。本書ではこのことを象徴して、⑤式を「**光の関係式**」と呼ぶことにしよう。

テイラー展開と近似則

物理量とは、物体や粒子などの物理的な状態（運動量など）や性質（質量など）を表す量である。物理量は基本的な「単位」で測れる値を持つが、単位が同じだからと言って、同じ物理量だとは限らない。

物理の法則は一般にどこまで厳密なのだろうか。ある物理量（例えば気圧）がxという変数（例えば位置）により、$f(x)$という関数に従って変化するとしよう。$x = 0$では、$f(0) = a_0$だとする。xがゼロに十分近いとき、xの絶対値が1より極めて小さいので、記号で$|x| \ll 1$と表す。

xがゼロに十分近ければ、$f(x)$は$a_0 + a_1 x$という直線（接線）で近似できる。さて、$|x|^2$（xの絶対値の2乗）は$|x|$より十分に小さく、次数（xのべき）の高い$|x|^3$などはさらに小さいから、$a_0 + a_1 x$に$|x|^2$以上の「高次」の項を順に加えていくと、より高い精度で$f(x)$の値を近似することができる。

そこで$f(x)$は、$x = 0$の近くで次式のように表せる。

$$f(x) = a_0 + a_1 x + a_2 x^2 + a_3 x^3 + a_4 x^4 + \cdots \quad —— \quad ⑥$$

a_1, a_2, a_3, a_4などは、各項の係数である。⑥式は無限級数による関数の「展開」であり、**テイラー展開**と呼ばれる。テイラー展開と名付けて、無限級数に対する研究をさらに発展させたのは、オイラーであった（第1講）。

実験の精度や理論の発展に基づいて、近似としてどの次数の項まで使うか、平たくいえば、小数点以下何桁までの精度を求めるかが決まってくる。これが「**近似則**」である。そして究極的に厳密な自然法則を知るためには、真の関数形$f(x)$を明らかにする必要がある。

極限則としての比例法則

ばねの伸びが加えた力に比例するという「フックの法則」は、ばねが伸びきってしまうことのない範囲で近似的に成り立つから、近似則の例にとって考えよう。

荷重がかかっていない自然長からのばねの小さな変位をx、ばねから受ける力（復元力と言う）を$f(x)$とする。ばねを押せば押し返され、引けば引き返される。つまり、変位の向きを逆にすれば、復元力の向

きも逆になる。そこで、$f(x)$ は $f(-x) = -f(x)$ を満たす必要があり、グラフにすると原点に対して点対称となる。

一般に $y = f(x)$ のグラフが原点に対して点対称となるような関数を**奇関数**と呼ぶ。$f(x)$ が奇関数であるためには、$f(x)$ を⑥式のように展開したときに現れる個々の「べき関数」がすべて奇関数でなくてはならない。すなわち、x の次数は、次式のようにすべて奇数のみとなる（例えば k は比例係数で $k > 0, a_3 > 0$）。

$$f(x) = -kx - a_3 x^3 - \cdots \quad \text{---} \quad ⑦$$

実際のばねは、押したときの斥力が⑦式で近似できるが、引いたときの引力が x と共に弱まるため、奇関数からもずれてくる。フックの法則は、⑦式の $f(x)$ の第1項だけで近似した近似則である。一般の「**比例法則（線形則）**」もまた、近似の許される範囲で成り立つ。特に x がゼロに限りなく近いという極限（記号で $x \to 0$ と書く）で成り立つような法則を、「**極限則**」と呼ぶ。

なお、$y = f(x)$ のグラフが y 軸に対して線対称となるような関数を**偶関数**と呼ぶ。偶関数は $f(x)$ は $f(-x) = f(x)$ を満たす。$f(x)$ が偶関数であるためには、展開した個々の「べき関数」がすべて偶関数でなくてはならない。すなわち、x の次数は、次式のようにゼロかすべて偶数のみとなる。

$$f(x) = a_0 + a_2 x^2 + a_4 x^4 + \cdots \quad \text{---} \quad ⑧$$

このようにテイラー展開は、近似則の基礎を与えてくれる、とても大切な考え方なのである。

極限則としての逆2乗則

点状の光源を考えると、光は四方八方に広がっていく。光源の代わりに音源を考えても同様である。ある時刻には光が球面上に広がり、光の強さは距離が2倍になると1/4に、3倍では1/9に減衰する。これ

が「**光の減衰則**」であり、ケプラー（第3講）が最初に発見したと言われている。

これを定式化してみよう。光源から距離 r だけ離れた場所では、球の面積である $4\pi r^2$ に逆比例して光が弱まる（図2-3）。つまり、光の強度が $\dfrac{k}{4\pi r^2}$（k は比例係数）という形で表せる。

ただし、光源のある $r=0$ に近づいていくと、光の強度がい

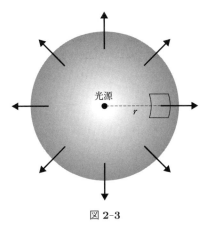

図 2-3

くらでも強くなるという問題が生じるから、この法則は距離が光源からある程度以上離れたときに成り立つ。

光の減衰則のように、ある物理量が距離の2乗に逆比例するような法則を、一般に「**逆2乗則**」という。逆2乗則には、ニュートンの万有引力の法則（第4講）やクーロンの法則（第9講）など、力に関する最も基礎的な法則が含まれる。

真の関数形 $f(x)$ があって、極限則として逆2乗則になると考えてみよう。先ほどの x がゼロに近いという極限を、中心からの距離 r（$r>0$）がとても大きいという極限、すなわち**無限遠**（無限と同じ ∞ で表す）に対する極限（$r \to \infty$ と書く）に置き換える。

そこで、⑥式 $f(x) = a_0 + a_1 x + a_2 x^2 + \cdots$ に $x = r^{-2}$ を代入して、x から r に変数変換した $f(r)$ を使う。力の大きさ $f(r)$ は、遠くに離れるほど減衰して無限遠ではゼロとなるから、$a_0 = 0$ が必要である。すると $f(r)$ は次式のように表せる。

$$f(r) = a_1 r^{-2} + a_2 r^{-4} + \cdots \quad \text{——} \quad ⑨$$

逆2乗則は、⑨式の $f(r)$ の第1項だけで近似したものだ。距離 r が比較的小さいときには、第2項を含む高次の項が必要となるだろう。

第 1 項までを残す近似を第 1 近似と呼び、第 2 項までを残す近似を第 2 近似と呼ぶ。実際、逆 2 乗則である「万有引力の法則」が近似則であることがアインシュタインによって明らかにされている。

第3講 | 周期性とは――円から楕円へ

　第3講では、**ケプラー**（Johannes Kepler, 1571-1630）が発見した「ケプラーの第1法則」と「ケプラーの第2法則」を紹介する。これらの法則は**惑星**の公転に関わるもので、惑星の軌道がどのように決まっているのかを明らかにするものだった。物体が自由に飛び回れるはずの宇宙空間で、なぜ惑星は一回りすると同じ場所に戻ってくるという「周期性」を持つのだろうか。

　自然界の周期的な現象は、そうした惑星の公転に代表される。例えば、周期的にめぐってくる四季の変化も、地球の公転が原因だ。地軸（北極と南極を結んだ軸）が公転面に対して約 23.4° 傾いているため、赤道付近を除けば日照時間に差が出るのである。

三角比と三角関数

　第3講では、三角関数がとても重要な役割を果たすので、復習をしておこう。三角関数の基になった三角法（下記の三角比などを用いる手法）は、古来より天文学で使われていて、既に1世紀終わりの文献に記されているという。

　直角3角形（図3-1）について、3辺の長さの比が次のように定義される。これが**三角比**である。

$$\cos\theta \equiv \frac{x}{r}, \quad \sin\theta \equiv \frac{y}{r},$$
$$\tan\theta \equiv \frac{y}{x} \quad ―\!― \quad ①$$

　三角比それぞれの頭文字である、c（コサイン）、s（サイン）、t（タンジェント）を図

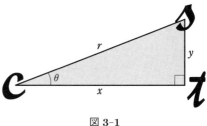

図 3-1

3-1 のように筆記体で書けば（先頭の c の挟む角が θ）、その筆順がたどる 2 辺の順序が分母から分子に現れる辺となる。一度この方法で覚えてしまえば、3 角形の向きや裏返しかどうかにかかわらず、三角比がわかる。

上の定義では θ が鋭角に限られるが、xy 平面で三角比を 90° 以上の角度（原点の周りで反時計回りに定義する）や負の角度（時計回りの場合）に拡張したのが**三角関数**である。1 回転（360°）すると同じ値に戻ってくるという三角関数の「**周期性**」が、自然界のさまざまな周期的な現象を理解する基礎となっている。

惑星間の軌道半径比の測定

まず、惑星の軌道が「円」だと仮定して、太陽を円の中心に置く地動説で考えよう。三角比をうまく使えば、地球の軌道半径を基準としたときの惑星の軌道半径（**軌道半径比**）は、地上で見る太陽と惑星の角度を測定しただけで、下記のように計算できる。

図 3-2 の左右は、どちらも地球以外の惑星の軌道を太線で示している。左図は、地球の軌道より内側にある内惑星（水星と金星）の場合である。地球 E から見て、惑星 P が太陽 S から最も大きな角度で離れて見えるとき、その角度 α（∠PES）を「最大離角」と言う。このとき ∠EPS は 90° となるので、△EPS は頂点 P を直角とする直角 3 角形である。惑星と太陽間の距離 $\overline{PS}$（点 P と点 S の距離を $\overline{PS}$ と表す）と、地球と太陽間の距離 $\overline{ES}$ の比は、次式で求められる。

$$\frac{\overline{PS}}{\overline{ES}} = \sin \alpha \quad —— \quad ②$$

右図は、地球の軌道より外側にある外惑星（火星・木星・土星など）の場合である。まず、E_1 の位置にある地球から見て、

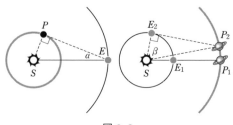

図 **3-2**

P_1 にある惑星が太陽 S のちょうど反対にあるとき（「衝」と呼ばれる）、その日時を記録しておく。

しばらく時間が経って、E_2 の位置に地球が来たとき、P_2 にある惑星と太陽 S の成す角度（$\angle P_2 E_2 S$）が $90°$ になったとしよう。先ほど記録した日時から経過した時間を、地球と惑星の**公転周期**それぞれで割れば、地球と惑星が1周のうちどのくらいまで回転したか計算できる。地球の方が外惑星より公転周期が短い分、余計に回転していることになり、地球と惑星の角度差 β（$\angle P_2 S E_2$）が求まる。

この条件では、$\triangle E_2 P_2 S$ が頂点 E_2 を直角とする直角3角形となる。地球と太陽間の距離 $\overline{E_2 S}$ と、惑星と太陽間の距離 $\overline{P_2 S}$ の比は、次式で求められる。

$$\frac{\overline{P_2 S}}{\overline{E_2 S}} = \frac{1}{\cos \beta} \quad \text{―――} \quad ③$$

②式と③式より、惑星と太陽の角度測定から軌道半径比がわかるため、太陽系のモデル図が描ける。このようにして太陽系の構造が明らかになったのである。

なお、惑星の軌道は円であるとしたが、実際は後述するように円軌道からのずれがある。そのずれは水星に次いで火星が大きく、外惑星の方が内惑星よりも観測方法が複雑なので、火星の軌道計算は困難を極めた。惑星と地球の位置が変わるたびに軌道半径比が違ってしまうため、何度も観測と計算の両方を繰り返して、正確な軌道を調べる必要があったのだ。

ケプラーの第2法則

まず、角度の単位として**ラジアン**（radian）（英語の発音は「レェィディアン」）を説明しておこう。1ラジアンは、半径と等しい長さの円弧に対する中心角で、$\frac{360°}{2\pi} = 57.296°$ である。円の中心の周りを半径が1回転すると考えて、その動く半径のことを「**動径**（radius）」と言う。

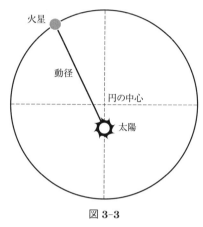

図 3-3

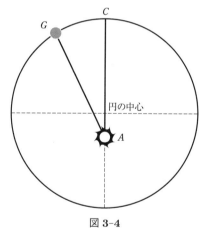

図 3-4

角度 θ をラジアンで表せば、動径が掃く円弧の長さは、動径の長さ r の θ 倍だから $r\theta$ となる。円の1周分の角度は 2π ラジアン（360°）であり、円周の長さは $2\pi r$ となる。

1609年にケプラーは、『**新天文学**（*Astronomia Nova*）』【ヨハネス・ケプラー（岸本良彦訳）『新天文学』工作舎(2013)】を出版した。火星の軌道がどんな曲線なのかを考えあぐねていたケプラーは、円の中心から少しずれた所に太陽を置く「**離心円**」を、あくまで1つの可能性として検討してみた（図3-3）。離心円でも、火星の軌道が円であることに変わりはないが、太陽から惑星を結んだ動径（図3-4の AC や AG）の長さが常に変化することは説明できた。

ケプラーの第2法則は、『新天文学』の第40章の本文の中に埋もれて全く目立たない形で初めて述べられた。そこでは離心円を仮定しており、推論も間違っていたが、結論は正しかった。実際の文は次の通りである。

「平均アノマリアは時間を測るものだから、CGA の面積［図3-4］が離心円の弧 CG に対応する時間つまり平均アノマリアの尺度となるだ

ろう【『新天文学』pp.390-391】。」

平均アノマリア（mean anomaly）とは、角度 $\angle CAG$（単位ラジアン）で測った1周期内の割合であり、0から2πの値をとる。平均アノマリア M は、次式で与えられる。

$$M = 2\pi \frac{t}{T} \quad \text{---} \quad ④$$

ここで、T は天体の公転周期、t は**近日点**（惑星が太陽に最も近づく位置）からの経過時間である。④式より、平均アノマリアが時間を計る目安になることがわかる。なお、英語の anomaly は「異常」という意味だが、天文学では「近日点を基準とする角」という意味で使われる。

CGA の面積が時間の尺度になるということは、面積が時間的に変化する割合が一定であることを意味する。これはすなわち、時間変化あたりの面積変化、つまり「**面積速度**」が一定だということと等価である。

この法則は、太陽の周りの惑星の運動に対するものだが、一般の物体の回転運動でも成り立つことが後に明らかとなり、ケプラーの第2法則と呼ばれるようになった。

ケプラーの第2法則の意味

ケプラーの第2法則を含む次の4つの命題［1）から4）］は、すべて互いに「同値」である。つまり、4つの命題のうちどれか1つが真であれば、他の3つがすべて真だということが数学的に証明できる。

1）面積速度が一定である（ケプラーの第2法則）。

物体が運動する軌道上において、回転の基準点から物体に向かう「動径」が掃く「面積速度」は、常に一定となる。

動径 r を底辺 $\overline{SP}$ として、

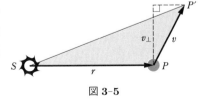

図 3-5

もう一辺を惑星の現在位置 P の瞬間に進む変位 $\overline{PP'}$ で3角形 $\triangle SPP'$ を作る（図3-5）。現在位置で、速度 v の「動径と垂直方向の成分」（つまり、回転方向の成分）を $v_\perp$（添字は垂直の記号）とすると、これは $\triangle SPP'$ について時間変化あたりの高さの変化を表している。

面積速度 A は、時間変化あたりに描かれる $\triangle SPP'$ の面積変化として、次式で定義される。

$A \equiv \dfrac{1}{2} r v_\perp$ ── ⑤

面積速度 A が一定なら、⑤式から $r v_\perp$ の値は一定である。しかし、rv や $v_\perp$ は、等速円運動でない限り常に変化するということに注意したい。

2）角運動量が一定である。

「**角運動量**」は「運動量のモーメント」とも呼ばれ、動径の長さに運動量（回転方向の成分）を掛けた量である。物体の質量を m として、角運動量 L は次式で定義される。

$L \equiv r m v_\perp$ ── ⑥

⑤式と⑥式で、係数 1/2 や質量 m は定数だから、面積速度が一定なら、角運動量が一定となり、その逆も正しい。これで、第1の命題と、第2の命題の同値性が示された。

角運動量が一定となる例に、フィギュアスケートでスピンの途中に姿勢変化を伴う「コンビネーションスピン」がある。例えば、上体や片足を横に広げた状態からアップライト（直立）に変化させると、回転方向の速度成分 $v_\perp$ が大きくなることは、映像としてイメージが湧くだろう。

質量分布の違いで $v_\perp$ がどのように変わるかを見てみよう。一体となって回転する質量 M と m の2つの物体が、それぞれ動径 r_1 と r_2（$r_2 > r_1$）の位置にあって、質量 m の物体のみを r_1 の位置まで移動させた

とする。そのとき、回転方向の速度成分が v_0 から v に変わるが、角運動量が一定なので次式が成り立つ。

$$L = r_1 M v_0 + r_2 m v_0 = r_1 M v + r_1 m v$$

速度の比を取ると次のようになる。

$$\frac{v}{v_0} = \frac{r_1 M + r_2 m}{r_1 M + r_1 m} > 1$$

$r_2 > r_1$ より、分子の値が分母の値より大きいため、この比は必ず1より大きくなり、$v > v_0$ となることがわかった。

3）動径に沿った力（中心力）のみが働く。

物体に全く力が働かなければ、その物体は直線上を同じ速さで運動する（等速度運動）。これが「**慣性**」という性質である。逆に物体が等速度運動するならば、その物体に力は働かない。惑星や彗星の運動のように、軌道が曲線を描くならば、必ず何らかの力が働いていることになる。

一般に、物体に働く力は、動径に沿った力（**中心力**）の成分と、動径と垂直な成分に分解できる。**向心力**（中心に向かう力）はすべて**引力**（引く力）であり、**遠心力**（中心から遠ざかる力）は常に**斥力**（斥ける力、反発力）として働く。向心力と遠心力は方向が違うだけで、どちらも中心力である。

なお、引力と斥力は、力の向きについて中心や他の物体を基準にして表す一般的な用語である。例えば磁石の場合、N極とS極間に引力が働き、N極同士やS極同士に斥力が働く。なお、「万有引力」は一般の引力ではなく、重力を指す（第4講）。

4）トルクが働かない。

「**トルク**」は「力のモーメント」とも呼ばれ、動径の長さ（つまり回転軸からの長さ）に力（回転方向の成分）を掛けた量である。トルクが

働かなければ力は中心力のみとなり、その逆も正しいから、第3と第4の命題は同値である。

　トルクの実際例は、ねじ回しの回転力である。ドライバーの握る部分が太い（つまり動径が大きい）ほど、力をあまりかけずに回せるわけだ。自転車を組み立てる際の六角ネジなどは、レンチできつく締めすぎるとパーツが傷むし、緩すぎると走行中に外れる恐れがあるから、トルク（単位はニュートン［N］とメートル［m］の積）の許容範囲が説明書に明記されている。

　物体に正味の力が働かなければ（つまり、すべての力を合わせた合力がゼロ）、物体の運動量は変化せず一定となる（第4講⑦式より示される）。また、トルクは時間変化あたりの角運動量変化として表されるので、同様に正味のトルクが働かなければ、物体の角運動量が変化せず一定となる。これで、第2の命題と、第4の命題の同値性も示された。

　これら4つの命題を「等速円運動」について整理してみよう。物体はいつも動径に対して垂直に回っていて速度が変わらないので、トルクが働かず、中心力のみが働く。このとき、面積速度と角運動量が一定となる。遠心力のみでは物体が中心からどんどん遠ざかってしまうので、必ず向心力が働かなくてはならない。

　なお、物体の軌道が円以外の曲線を描く場合は、軌道が動径に対して垂直であるとは限らず、軌道上の速度は常に変化する。そうした複雑な場合であっても、物体に中心力のみが働くならば、ケプラーの第2法則が成り立つということに注意したい。

角運動量保存則の意味

　動径や速度のように、大きさと方向を持つ量を**ベクトル**と呼び、図示するときに「矢印」で表すとわかりやすい。マイナスの符号を付けたときは、座標軸の向きや、動径方向（力の中心から物体の位置への向き）、回転方向（反時計回り）に対して逆方向を意味する。

　トルクはベクトルで表され、その向きは、時計回りに力をかけてねじ

回しを回転させたときに、ねじが進む方向と定める。角運動量もベクトルで表され、運動量ベクトル（速度ベクトルと同じ方向）をトルクの力と同様に見なせばよい。つまり、角運動量ベクトルは、動径ベクトルと運動量ベクトルが作る平面に対して、ねじが進む垂直方向に定められる。

　一般に、ある物理量の値が時間的に変化せず一定に保たれるとき、「物理量が保存される」と言い、その法則のことを**保存則**と呼ぶ（第9講で詳しく説明する）。例えば、角運動量が保存されれば、角運動量の大きさが一定となり、さらに角運動量ベクトルの方向も一定となる。そのため、動径ベクトルと運動量ベクトル（速度ベクトル）が作る「平面」が一定に保たれる。こうした法則を**角運動量保存則**と呼ぶ。

　この最後の点は、本来3次元で自由に飛び回れるはずの物体が、ある一定の平面内に束縛されて、その位置と速度が同じ平面内にとどまり続けることを意味する。つまり、惑星の運動が**平面運動**であるということが、角運動量保存則の大切な意味の1つである。角運動量保存則と同値であるケプラーの第2法則もまた、同様のことを規定している。

ケプラーのさらなる苦悩

　以上のように、惑星の運動に関する重要な法則が得られたわけだが、観測データによれば、火星の軌道は明らかに離心円から外れている。そこで、火星の正確な軌道を決める必要があった。ケプラーの苦悩は、新たな法則を見つけるまで絶え間なく続いたのである。

　図3-6では、差がわかりや

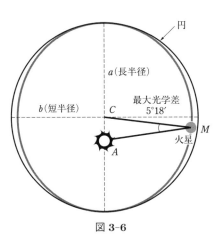

図 **3-6**

すいように円からのずれを誇張して火星の軌道（太線）を描いている。軌道の中心 C を求め、長い方の半径を**長半径 a** として、短い方の半径を**短半径 b** とする（両者は直交させる）。また、C からずれた点 A に太陽があるとしよう。火星の位置を M とする（図3-6）。

ケプラーは、角度 $\angle AMC$ を求めてみた。この角度は「視覚的均差（optical equation）」と呼ばれ、軌道上の火星の位置によって変化する。近日点と**遠日点**（惑星が太陽から最も遠ざかる位置）では、視覚的均差がゼロとなる。

視覚的均差は、軌道が短半径と交わるあたりで最大値をとり、その値は、$5°18'$（5度18分。1分は角度の単位で1/60度）だった（図3-6）。また、長半径 a と短半径 b の比を求めると、1.00429 だった。この角度 $5°18'$ と 1.00429 という数値の間に数学的な関係性を見出すことで、ケプラーは新たな法則を発見したのである。『新天文学』で扱われている膨大な数値の中でこの関係性を見つけられたのは、驚異の記憶力と集中力の賜であった。

ケプラーの霊感と確信

ケプラーは来る日も来る日も計算を繰り返していた。1つの角度が得られれば、3つの三角比とそれらの逆数など、思いついたものは次々と数表と手計算で調べていったことだろう。そうして、ついに霊感（インスピレーション）が訪れた。それは次の計算をしたときだったという。

$$\frac{1}{\cos(5°18')} = 1.00429$$

—— ⑦

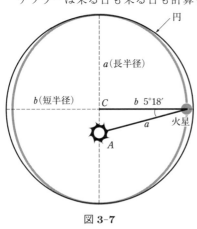

図 3-7

『新天文学』の第4部・第56

章に、ケプラーは次のように記している。

> 「全く偶然に最大の視覚的均差を測り取った5°18′という角度の正割［コサインの逆数］に思い至った。この値が100429［10万倍した値］であるのを見たとき、まるで新たな光のもと、眠りから目覚めたかのように、以下のように推論しはじめた【『新天文学』p.510】。」

それまで一見無関係に思えていた2つの数値が、⑦式によって見事に結びついたのである。この2つの数値の関係性を使って、軌道の形を導いてみよう。⑦式より、次式が得られる。

$$\frac{a}{b} = 1.00429 = \frac{1}{\cos(5°18′)} \quad —— \quad ⑧$$

軌道が短半径と交わる位置において、動径が短半径 b と成す角度は、近似的に最大の視覚的均差5°18′と見なせる（図3-7）。このとき、動径の長さは、⑧式より長半径の長さ a と一致する。このような軌道の性質は、次に示すように楕円の特徴であった。

楕円の性質

「楕円」とは、円を一方向に b/a 倍だけつぶした形である。楕円には、長半径上に2つの「焦点」がある（図3-8で糸をピンで留めた2つの点）。楕円では、これら2つの焦点から軌道上の1点までの、それぞれの距離の和が、常に一定となる。実際2つの焦点に、一定の長さの糸の両端を固定し、ペン先を糸の内側に付けて糸を張ったまま1周させると、正確な楕円が描けるのだ。

ここで焦点の一方に太陽を置く。この楕円を描くために必要な糸の長さは $2a$ である（☆）。2つの焦点は軌道の中心 C から同じ距離だけ離れているので、火星の楕円軌道が短半径と交わる位置における動径（図3-7）の長さは、この糸の長さの半分、すなわち長半径の長さ a と一致する。

第3講　周期性とは——円から楕円へ

図 3-8　楕円の描き方

なお、楕円は短半径を含む正中線に対して線対称になっている。正中線より片側半分の軌道上に点 P を取り、その点での動径の長さを x としよう。すると、もう一方の焦点からの距離は $2a - x$ である。正中線に対して点 P を折り返した点を P' とすると、楕円の対称性から点 P' での動径の長さは $2a - x$ となる。点 P と点 P' で動径の長さの平均をとると、

$$\frac{x + (2a - x)}{2} = a \quad \text{―――} \quad ⑨$$

楕円軌道上のすべての点について、点 P と点 P' のペアとして動径の長さの平均をとっていけばわかるように、火星と太陽間の距離の平均値は、厳密に軌道長半径の長さ a と等しくなる。またもう 1 つの焦点に太陽を置いたとしても、運動や楕円の性質は全く変わらない。

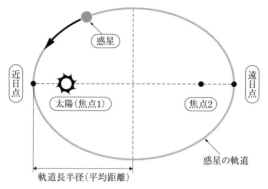

図 3-9　ケプラーの第 1 法則

ケプラーの第 1 法則

　楕円には焦点が 2 つあるが、そのどちらか一方に位置する太陽に対して、火星が楕円軌道を描く。もう一方の焦点には、何もない（図 3-9）。また、公転運動の動径ベクトルは、楕円の正中線上の中心からではなく、太陽のある焦点から火星の位置に向かうことに注意しよう。

　こうしてケプラーが新たに発見した法則（**ケプラーの第 1 法則**）は、次の通りである。

　　惑星は太陽を焦点とする楕円軌道上を運動する。

　この法則は、火星だけでなくすべての惑星の公転運動に当てはまることが確かめられた。

第 3 講　周期性とは——円から楕円へ

第4講 | 太陽系とは——ケプラーから
ニュートンへ

　第3講で説明したケプラーの第1法則と第2法則は、どちらもすべての惑星について成り立つが、楕円の形や面積速度の値は惑星でそれぞれ異なっていた。太陽系が全体として調和しているならば、惑星間で共通した値が何かあるはずだとケプラーは考えた。この着想は、さらに**ニュートン**（Sir Isaac Newton, 1642-1727）の発見した「万有引力の法則」へと展開していった。そもそも、「太陽系」という系（システム）を成り立たせているのは、ケプラーとニュートンによって見出された法則群なのである。

ケプラーの第3法則
　ケプラーは、苦労の末に、次のような法則（**ケプラーの第3法則**）を発見した。

> 公転周期の2乗と、**軌道長半径**（惑星と太陽間の平均距離）の3乗の比は惑星間で共通である。

この法則を式で表すと、次のようになる。

　[公転周期]^2 ＝ 比例定数 × [軌道長半径]^3　——　①

　太陽系の惑星のデータをグラフにしてみよう。データには、土星のさらに先にある天王星と海王星も含めている（図4-1）。
　縦軸は、惑星の公転周期（年）である。横軸はそれぞれの惑星の軌道長半径で、地球の軌道長半径を1としてある。地球の軌道長半径を基に、**天文単位**（AU）が定められている。天文単位は次のように高い精度で測定されている。

$1 \text{ AU} \equiv 1.49597870 \times 10^{11} \text{ m}$

太陽系の惑星のデータからケプラーの第3法則を確かめるには、縦軸と横軸の両方に常用対数を取った「両対数グラフ」を用いればよい。実際のデータを両対数グラフに乗せると、すべての惑星が見事に1本の直線上に乗ることがわかる。第2講で説明したように、これは「べき関数」の特徴だった。

さて、地球のデータは、横軸と縦軸とも1のところ（1 AUと1年）にある。グラフの右上の端は、100 AUと1000年が交差するところである。惑星の乗った直線がこの端の点を通るということは、横軸の2目盛り分（1から100）に対して、縦軸の3目盛り分（1から1000）だけ変化することがわかる。したがって、公転周期は長半径の3/2乗に比例することが、実際のデータで確かめられた。

①式で、公転周期T、軌道長半径a、比例定数kとして、$T^2 = ka^3$となるので、両辺の常用対数を取ると$\log_{10}(T^2) = \log_{10}(ka^3)$となって、次式が得られる。

$$2\log_{10} T = 3\log_{10} a + \log_{10} k, \quad \therefore \log_{10} T = \frac{3}{2}\log_{10} a + k'$$

ここで$k' \equiv (\log_{10} k)/2$とした。

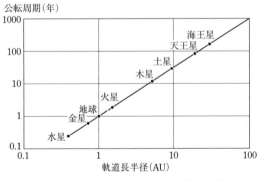

図 4-1 惑星が示すケプラーの第3法則

この式は、例えば木星の67個ある衛星や、太陽以外の恒星の惑星（**太陽系外惑星**、exoplanet）に対しても成り立つ。このとき定数k'は、中心に位置する質量の大きな天体（太陽の代わり）の

質量だけで近似的に定まり、両対数グラフに示される直線が k' の値に応じて平行移動する。しかし、上式が示すように、「3/2」という直線の傾き自体は変化しない。これが一般化されたケプラーの第3法則であり、法則の普遍性は「3/2乗」に表れていることがわかる。

なお、太陽系外惑星は既に2,000以上見つかっており、そのいくつかに生命が存在するのではないかと考えられている。

対数らせんの法則

図 4-1 の両対数グラフをよく見ると、火星と木星の間を除けば、各惑星がほぼ等間隔に並んでいる。それは偶然にしては出来過ぎているように思える。この惑星の分布には、何らかの法則が反映されているのではないだろうか。

そこで頭に浮かぶのが「**対数らせん**」(「**等角らせん**」とも言う) である。「極」と呼ばれる定点 O からの任意の点 P への距離 $\overline{OP}$ を動径 r の長さとして、極 O を通る定直線 (x 軸が用いられる) と OP のなす角度を θ とする (反時計回りを正と定める)。平面上の点を表す (x, y) の代わりに、(r, θ) という 2 変数の組で表した座標のことを、**極座標**と言う。対数らせんは、角度 θ が動径 r の対数に比例するような曲線であり、次式で表される (α は比例係数)。なお、対数 $\log$ には、e (ネイピア数) を底とする自然対数を用いる。

$\theta = \alpha \log r$

例えば角度 θ が 2π ラジアンの整数倍で増えるとき、動径 r の対数が等間隔で大きくなる。つまり、渦巻きが 1 回転、2 回転、…… となるとき、それぞれの渦が重力で凝縮して惑星が誕生したと考えれば、惑星の軌道長半径の対数がほぼ等間隔で並ぶことを説明できる。

太陽系の惑星は、中心にある太陽の一部が放出されてできたと考えられる。また、太陽とその周りにあるガスが最初から回転しており、この回転の遠心力は重力より十分大きいと仮定しよう。放出される物質

図 4-2 おおぐま座の渦巻銀河 (M101) [出典：HubbleSite, http://hubblesite.org/newscenter/archive/releases/2006/10/image/a/]

の質量が、太陽の元の質量よりも十分小さければ、角運動量保存則(第3講)より、全体の回転速度はほとんど変わらない。放出された物質が周りにあるガスの圧力で押されながら、遠心力(第7講で説明する)によって太陽から離れて行くならば、対数らせん状の渦ができる(第7講の「棒とリングのモデル」を参照)。実際、太陽系よりもさらにスケールの大きな渦巻銀河でも、その渦の形が対数らせんに近いことが知られている(図4-2)。

自然界では、宇宙から生物まで、さまざまなスケールで「対数らせんの法則」が働いている。それぞれの形を作るメカニズムは全く違うのに同じ法則に従うというのは、

図 4-3 中生代白亜紀(1億3500万～6500万年前)のアンモナイト[著者撮影]

何とも不思議である。そこに自然の「妙」、あるいは「美」が隠されているのだ。

アンモナイトやオウムガイなどの生物では、体が大きくなると、定期的に後ろに隔壁を作りながら、その前の空間(「住房」と言う)へと移動する。殻の縁は、炭酸カルシウムが結晶化しながら、付加的に成長していく【佐々木猛智『貝の博物誌』p.56 東京大学総合研究博物館 (2002)】。

住房の形を単純化すれば、一定の割合で大きくなる相似4角形を、対数らせんを描きながら順に足した構造になっている。その結果、アンモナイトを正中面で切ると、実に見事な対数らせんが現れる（図4-3）。

対数らせんとフラクタル

対数らせんについて、単純化した数学のモデルを考えてみよう。動径 r が初期値 r_0 から、式 $r = r_0 \cdot s^n$ $(n = 0, 1, 2, \cdots)$ に従って、段階的に s 倍ずつ拡大するとすると、角度 θ は次のようになる。

$$\theta = \alpha \log r = \alpha \log(r_0 \cdot s^n) = \alpha(\log r_0 + \log s^n)$$
$$= \alpha \log r_0 + n\alpha \log s$$

n が1だけ増えるとき、動径が s 倍になる。上式の最後の項 $n\alpha \log s$ が示すように、このとき角度は $\alpha \log s$ という一定値だけ増える。そこで、図4-4のような折れ線が得られる。

図中に描かれた互いに隣り合う3角形から、2つを選んでみよう。大きい方の3角形を成す2つの動径は、共に小さい方の3角形を成す動径の s 倍である。さらに2つの動径の成す角は、この3角形同士で等しい。

したがって、一定の割合で大きくなるような「相似3角形」が順に隣り合わせになっていることがわかる。要するに、図中の3角形は、すべて互いに相似形なのだ。

こうして得られる各点 (r, θ) を順に結んだ外側の折れ線は、対数らせんである。$\alpha \log s$ の値を十分小さくすれば、折れ線が十分滑らかな曲線になることがわかるだろう。それでも、相似3角形などの性質は変わらないから、この単純化したモデルはとても役に立つ。

図4-4の対数らせんの全体を s 倍だけ拡大して、さらに全体を反時計回りに $\alpha \log s$ の角度だけ回せば、元の対数らせんと完全に重なることがわかる。ある図形を拡大しても元の図形と同じになるという性質は、**自己相似**と呼ばれる。対数らせんは、自己相似の図形の一例であ

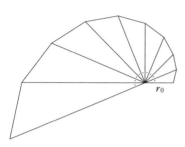 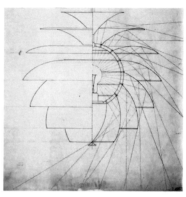

図 4-4 3角形を単位とする段階的な対数らせん [$r_0 = 1$, $s = 1.2$, $\alpha \log s = \pi/8$ とした場合]

図 4-5 すべての光の入射角が一定となるヘニングセンのランプシェード [出典：T. Jørstian, P. E. M. Nielsen, Eds., *Light Years Ahead: The Story of the PH Lamp*, p.96, Louis Poulsen (1994)]

る。

　一般に、ある部分がそれより大きな部分の自己相似となる図形のことを「**フラクタル**」と言う。フラクタルという新たな幾何学の概念は、マンデルブロ（Benoit Mandelbrot, 1924-2010）の研究で知られるようになった。フラクタルは、自然界のさまざまな現象が数学で結びつくという見事な例である。

　デンマークを代表する照明デザイナーのヘニングセン（Poul Henningsen, 1894-1967）は、ランプシェードの形を対数らせんにした（図4-5）。これは偶然そうなったのではなく、一様な光の拡散を得るためにデザインしたものだった。ランプシェードに乳白色のガラスを採用した場合、普通のガラスでは、入射角によって反射率と透過率が大きく変わってしまうから、光の拡散に偏りが生じてしまう。

　図 4-4 からわかるように、極に点光源を置けば、光の入射角が対数らせん上のどこでも一定になる。ヘニングセンのデザインには、入射角を一定に保つという「機能美」があったのだ。対数らせんのような法則

を明らかにするだけでなく、その法則を別の目的に生かすのもまた、人間の創造的思考の典型だと言えよう。

太陽系の法則

太陽系に話を戻そう。火星と木星の間

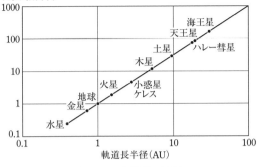

図 4-6　太陽系の法則

は、実は空いているのではなく、無数の天体から成る**小惑星帯（メインベルト）**が占めている。中でも最初に発見された「ケレス（準惑星の1つ）」のデータは、火星と木星のちょうど中間にあり、同じ直線上に乗ることがわかる（図4-6）。これはまさにケプラーの追い求めた「太陽系の法則」であった。

それでは、彗星はどうだろうか。**ハレー彗星**のデータは、軌道長半径が 17.83 AU、公転周期が 75.3 年であり、相当長く扁平な楕円である。グラフに乗せてみると、ハレー彗星は天王星の近くで同じ直線上に乗る。ハレー彗星もまた太陽の周りを回っており、太陽系の一員なのだ。

ハレー彗星と推定される彗星は紀元前から記録があるが、約 75 年周期で現れることを初めて突き止めたのは、ニュートンと親交のあった**ハレー**（Edmond Halley, 1656-1742）だった。1682 年にハレーの観測した彗星が、1607 年にケプラーの観測した彗星と同じものではないか、という思いつきが発見の糸口になったという。21 世紀でハレー彗星が地球に接近するのは、2061 年の夏だと予想されている。

なお、100 AU を超える軌道長半径を持った天体（太陽系外縁天体）が既に見つかっており、太陽系のメンバーズリストが増え続けている。

奥の深い問題 その1

問：太陽系で観察される彗星は、その多くが楕円や双曲線ではなく、放物線に近い軌道である。それはなぜだろうか？

（ヒント：壮大な空間スケールで考える）

答：彗星は、再び同じところに戻ってくる周期性のものと、再び現れることのない非周期性のものとに分けられる。周期性と言っても、例えばハレー彗星の楕円軌道は極めて細長く、方向が太陽系の惑星すべてと逆向きであり、しかも軌道面は惑星の公転面から18°もずれている。したがって、彗星の起源は惑星と異なると予想される。

非周期性の彗星は、軌道の開いた放物線か双曲線の軌道を描く。周期性の楕円軌道を含め、すべての軌道は、円錐曲線の一部である（第1講）。放物線は楕円から双曲線へと軌道が変化する際の「臨界」にあたり、太陽からの重力（本講で説明する万有引力）をぎりぎり振り切った結果、遠方で速度がゼロとなる。双曲線は重力を余裕で振り切って、遠方で速度を持つ場合である。

ここで、銀河内の太陽系の周りで浮遊している星は、太陽から見れば十分遠方にあって初速ゼロと見なせる。そうした星が、太陽の重力に引かれて運動を始め、太陽系内に入れば、放物線軌道を描くことになる。逆に、放物線軌道を描くような彗星の起源は、そうした銀河内で浮遊している星がほとんどなのだろう。太陽系を取り巻く無数の星が「**オールトの雲**」と呼ばれる天体群を作ると考えられている。

ニュートンの運動の法則

ニュートンは、次のような「**運動の法則**」を発見して、物体の運動に関する物理学である**力学**の基礎を築いた。

$$質量 \times 加速度 = 推進力 \quad\text{---}\quad ②$$

②式の質量は**慣性質量**と呼ばれる。ここでニュートンは、推進力（motive force）を考えていた。推進力の符号は、常に加速度の符号と

一致する。なお、加速度という用語は、加速と減速の両方を含めて使われる（「減速度」という言葉はない）。加速度と速度の符号が一致すれば加速で、一致しなければ減速となる。

物理に現れるような式は、一般に式の左辺は主語、右辺は述語に対応していて、1つの文として読める。②式は、「物体の質量と加速度の積は、推進力で定まる」という意味である。通常は物体の質量と推進力が与えられ、未知数である加速度を求めるので、②式は**運動方程式**とも呼ばれる。そうした運動の法則が、ニュートンの**第2法則**である。

もし推進力がゼロなら、加速度もゼロとなって、等速度運動を保つこと（慣性）になる。この特殊な場合で「慣性」という性質を規定した法則がニュートンの**第1法則**であり、「**慣性の法則**」とも呼ばれる。

さて、②式で左辺と右辺を入れ替えると、数学的には同じ等式であるが、物理的な意味が変わってくることに注意したい。

　　推進力 ＝ 質量 × 加速度

例えば**重力加速度**（重力によって生じる加速度）g のように、加速度が既知のとき、この式は「推進力（重力）は、物体の質量（重力質量）に比例する」という意味になる。重力質量については、第7講で述べる。なお、加速度が一定でなくても、ある瞬間の加速度に対する推進力は、物体の質量に比例すると考えてよい。

また、加えられた力に対する物体固有の抵抗力である「**慣性力**」を考えれば、次式のように力の意味合いを変えることができる。

　　慣性力 ＝ 慣性質量 × 加速度

この式は、「慣性力は、物体の慣性質量と加速度の積で定まる」という意味だ。慣性力は物体の慣性質量に比例することから、「動かしにくさ」という慣性質量の意味がはっきりする。慣性力については、第7講で再検討する。

本書で、ある物理量の変化を表すとき（数学では一般に「増分」と呼

ばれる)、変数の前に記号 Δ (ギリシャ文字デルタ) を付けて表すことにしよう。例えば、時間変化を Δt と表し、位置変化を Δx と表す。速度 v (velocity の頭文字) は次式で定義され、速度変化を Δv と表す。

$$v \equiv \frac{\Delta x}{\Delta t} \quad (\Delta t \to 0) \quad —— \quad ③$$

③式のような変化同士の比は、一般に**平均変化率**と呼ばれる。ある瞬間の**速度**は、Δt が十分小さい極限 ($\Delta t \to 0$) での平均変化率として定義されるのだ。また、質量を m として、運動量 p は次式で定義される。

$$p \equiv m\frac{\Delta x}{\Delta t} \quad (\Delta t \to 0) \quad —— \quad ④$$

さらに、**加速度** a と運動量変化 Δp は、Δv を使った次の 2 式で定義される。

$$a \equiv \frac{\Delta v}{\Delta t} \quad (\Delta t \to 0) \quad —— \quad ⑤$$

$$\Delta p \equiv m\Delta v \quad —— \quad ⑥$$

⑤式の両辺に質量 m を掛けてから⑥式を使えば、次式を得る。

$$ma = m\frac{\Delta v}{\Delta t} = \frac{m\Delta v}{\Delta t} = \frac{\Delta p}{\Delta t}$$

②式より $ma = F$ だから、物体に働く力 F は次式で定義してもよい。

$$F \equiv \frac{\Delta p}{\Delta t} \quad (\Delta t \to 0) \quad —— \quad ⑦$$

⑦式のようにすれば、物体の質量や推進力がわからない場合でも、一般の「**力 (force)**」を時間変化あたりの運動量変化 (時間変化ゼロの極限) として定義できる。逆に、物体に力が働かなければ、その物体の運動量は変化せずに維持される。これが「**運動量保存則**」である。

また、そうした力の「**作用 (action)**」に対して、これと同じ大きさで反対向きの「**反作用 (reaction)**」が、力の源に対して必ず働く。これがニュートンの**第 3 法則**であり、「**作用反作用の法則**」とも呼ばれ

る。

ケプラーの法則から万有引力の法則へ

これまで説明してきた法則を根拠に、太陽系で万有引力の法則を導いてみよう。まず、ケプラーの第2法則より、惑星が太陽から受ける力 F は中心力である（第3講）。つまり力 F は、(r, θ) という極座標のうち、動径 r のみの関数だということになる。そこで力を $F(r)$ と表そう。

さて、ニュートンの第2法則より、力 F は惑星の質量 m に比例する。ニュートンの第3法則より、この力 F の大きさは太陽が惑星より受ける力に等しいので、太陽の質量 M にも比例することになる。

さらに、ケプラーの第1法則に基づく惑星の楕円軌道では、加速度が動径 r の2乗に逆比例することが幾何学的に示せる【和田純夫『プリンキピアを読む』pp.146-151 講談社ブルーバックス (2009)】から、惑星が太陽から受ける力 $F(r)$ は r の2乗に逆比例する。

以上のことから、次式が得られる。マイナスの符号が付いているのは、動径 r と反対向きの「引力」だからである。

$$F(r) = -G \frac{mM}{r^2} \quad\text{―――}\quad ⑧$$

これが**万有引力の法則**である。⑧式の比例係数 G を**万有引力定数**と言い、次のように極めて小さな値となる。単位はメートル3乗 $[\mathrm{m}^3]$ 毎キログラム $[\mathrm{kg}]$ 毎秒毎秒 $[\mathrm{s}^2]$ である。

$$G \equiv 6.67 \times 10^{-11} \,\mathrm{m}^3/\mathrm{kg} \cdot \mathrm{s}^2 \quad\text{―――}\quad ⑨$$

⑧式を、単位の観点から確かめてみよう。ニュートンの第2法則より、$F(r)$ は加速度に比例する。加速度は［距離÷（時間）^{2}］という単位を持っている。ケプラーの第3法則によれば、時間（公転周期）の2乗が距離（軌道長半径）の3乗に比例する。以上のことから、次式のようになる（$\propto$ は比例の記号）。

第4講 太陽系とは――ケプラーからニュートンへ

$$F(r) \propto \frac{[\text{距離}]}{[\text{時間}]^2} \propto \frac{[\text{距離}]}{[\text{距離}]^3} = \frac{1}{[\text{距離}]^2}$$

　これで $F(r)$ は距離の 2 乗に逆比例することが確かめられた。ケプラーの 3 法則とニュートンの 3 法則が、渾然一体として万有引力の法則に結びつく過程は、実に壮観だ。

　万有引力は英語で universal gravitation と言い、直訳すると「普遍重力」である。⑧式は、太陽系以外の天体や物体同士にも成り立つことが確かめられており、その意味で「普遍的」な重力なのだ。そして⑧式に現れる太陽の巨大な質量 M（1.99×10^{30} kg）が、重力の実質的な源となっていることからわかるように、この法則が太陽系の成因に関わり、そして今なお太陽系全体を支配している。

第5講 | 相対性とは——ガリレオから
　　　　　アインシュタインへ

　第5講では、速度が一定の運動に伴って、時間や空間に関わる物理量がどのように変化するかを考えてみよう。その一方で、運動によって決して変化しない物理量や法則（式の形を含めて）がある。そうした理論的な根拠を与えるのが、**相対性理論**（相対論）という考え方である。

　相対論には「**特殊相対性理論**」と「**一般相対性理論**」の2つがある。前者は基本的に**慣性系**（慣性の法則が成り立つ座標系）のみを扱うという意味で「特殊」であり、後者は加速度を持つような「一般」の座標系（非慣性系）を含めたものだ。第5講では特殊相対性理論を、第8講では一般相対性理論を紹介する。

ガリレイ変換のすべて

　空間座標 (x, y, z) を単純化して、x 軸だけの1次元で考えよう。時間と空間を合わせて**時空**と言うが、空間 x と時間 t の組 (x, t) で、「あるとき、ある場所で」という時空の「1点」を表す。「慣性系 $K\ (x, t)$」と書くときは、(x, t) という点の集合を意味する。また、これらの記号にプライム（$'$）を付けることで、別の慣性系 $K'(x', t')$ を表すことにする。

　本講の冒頭で述べた「運動によって決して変化しない物理量や法則」のことを、慣性系 K から K'、または慣性系 K' から K という座標変換に対して「**不変**」であると言う。また、慣性系の間の座標変換のことを、以下では単に「**変換**」と呼ぶ。

　本書では、慣性系 K から見たときの K' の**相対速度**は、x 軸方向に v であると決める。もちろん、K' から見たときの K の相対速度は $-v$ であるが、単に相対速度と言うときは、v とする。また、$x = 0, t = 0$ と

図 5-1　2 つの慣性系

いう K での時空の「原点」は、K' での時空の原点 $x' = 0$, $t' = 0$ と一致させる。K から K' の移動を見ると、$x' = 0$ は常に $x = vt$ の位置にある。ここまでは、相対論でも修正する必要のない前提である。

慣性系 K の x 軸上に 1 点 x を取る。慣性系 K' でこの 1 点に対応する位置 x' は、K における K' の移動距離 vt を x から差し引くことで求まるだろう。この推論において、2 つの慣性系間で時間は不変であると暗に仮定されている。以上のことを式で表すと、次のようになる。

$$x' = x - vt, \quad t' = t \quad \text{―――} \quad ①$$

ある慣性系で表される運動を、①式に従って別の慣性系で表す（変換する）ことを、「**ガリレイ変換**」と呼ぶ。①式のガリレイ変換は明らかに正しいと思えるかもしれないが、どちらの等式も相対論で修正されることになる。その根本的な原因は、「時間は不変である」という暗黙の仮定にあった。変換で時間の長さが変わるなら、後で説明するように空間の長さ（距離）も変わってくるのだ。

相対論では時間と空間を同等に扱うことになるので、時間変化と位置変化の両方を指して「**変位**」と呼ぶ。変位を時間と空間で区別するときは、「時間変位」と「空間変位」と言う。なお本書では、「時刻」という言い方はしない。$t = 0$ から測れば、時刻 t と時間 t は同じものである。

慣性系 $K(x, t)$ に (x_1, t_1), (x_2, t_2) の 2 点を取り、$\Delta x \equiv x_2 - x_1$,

$\Delta t \equiv t_2 - t_1$ という変位を定義する（Δ を付けて変位を表す）。この2点の座標をそれぞれガリレイ変換して、慣性系 K' (x', t') に (x'_1, t'_1), (x'_2, t'_2) の2点を定めよう。①式より、次の関係式が得られる。

$$x'_1 = x_1 - vt_1, \quad t'_1 = t_1$$
$$x'_2 = x_2 - vt_2, \quad t'_2 = t_2$$

そして、$\Delta x' \equiv x'_2 - x'_1$, $\Delta t' \equiv t'_2 - t'_1$ という変位を定義すると、上の式を使って次式のようになる。

$$\left.\begin{aligned}\Delta x' &\equiv x'_2 - x'_1 = (x_2 - vt_2) - (x_1 - vt_1) \\ &= (x_2 - x_1) - v(t_2 - t_1) = \Delta x - v\Delta t \\ \Delta t' &\equiv t'_2 - t'_1 = t_2 - t_1 = \Delta t\end{aligned}\right\} \quad \text{②}$$

②式を「**変位のガリレイ変換**」と呼ぼう。この変換式は、次に説明するように、速度や加速度を変換する際に役立つ。

「運動の法則」の不変性

慣性系の間には、次の重要な性質がある。

> 3次元空間の慣性系はすべて同等であり、運動の法則は慣性系間のガリレイ変換に対して不変である。

このことを「**ガリレイ-ニュートンの相対性原理**」と呼ぶ。ニュートンが見出した運動の法則（第4講）はこの原理に従う。運動の法則が①式のガリレイ変換に対して不変であることを、実際に確かめてみよう。

ある同じ物体の速度、すなわち時間変位あたりの空間変位を測ると、慣性系 K では u、慣性系 K' では u' だったとする。速度の定義（第4講③式）から、$u \equiv \dfrac{\Delta x}{\Delta t} (\Delta t \to 0)$ である。u' は、変位のガリレイ変換（②式）を使うことで、次のようになる。

$$u' \equiv \frac{\Delta x'}{\Delta t'} = \frac{\Delta x - v\Delta t}{\Delta t} = \frac{\Delta x}{\Delta t} - v = u - v$$

次に、慣性系 K の 2 点での速度をそれぞれ u_1, u_2 として、慣性系 K' で対応する 2 点での速度をそれぞれ u'_1, u'_2 とする。ここで得られた「**速度の変換式**」$u' = u - v$ から、$u'_1 = u_1 - v$, $u'_2 = u_2 - v$ となる。そこで、$\Delta u' \equiv u'_2 - u'_1$, $\Delta u \equiv u_2 - u_1$ という速度変化を考えよう。

また、物体の加速度、すなわち時間変位あたりの速度変化を測ると、慣性系 K では a、慣性系 K' では a' だったとする。加速度の定義（第 4 講⑤式）から、$a \equiv \dfrac{\Delta u}{\Delta t}$ ($\Delta t \to 0$) である。a' は、速度の変換式を使うことで、次のようになる。

$$a' \equiv \frac{\Delta u'}{\Delta t'} = \frac{u'_2 - u'_1}{\Delta t'} = \frac{(u_2 - v) - (u_1 - v)}{\Delta t}$$
$$= \frac{(u_2 - u_1) - (v - v)}{\Delta t} = \frac{\Delta u}{\Delta t} = a$$

ここで得られた「**加速度の変換式**」$a' = a$ には、相対速度 v が含まれていないことに注意しよう。つまり相対速度 v に関係なく、慣性系間で変わらないという**不変性**が、加速度について成り立つ。

第 4 講で説明したニュートンの運動方程式に現れる物理量のうち、質量と加速度が不変だから、両者の積である力も不変となって、「運動の法則」自体の不変性が確かめられた。

本講で説明する特殊相対性理論では、変換によって時間が変わるため、力の定義を修正する必要が出てくる（第 9 講）。また、速度の変換は問題ないが、加速度となると特殊相対性理論で扱うには限界があり、一般相対性理論が必要となる。それでも、運動の法則を不変に保つという要請は、相対論の前提とされている。

ガリレイ変換のもとでの「速度の合成則」

次に、2 つの慣性系で測った速度の関係を考えてみる。ある物体が、慣性系 K' 上を x' 軸の向きに速度 w で運動するとき、$x' = wt'$ が成

り立つ。この $x' = wt'$ に、①式 $x' = x - vt, t' = t$ を代入すると、$x - vt = wt$ となる。左辺第2項を右辺に移項して、$x = wt + vt = (w + v)t$ が得られる。慣性系 K で測った物体の速度 $u = \dfrac{x}{t}$ は、次のようになる。

$\quad u = w + v$ —— ③

要するに慣性系 K では、慣性系 K' 上の物体の速度 w に相対速度 v を足し合わせればよい。③式が、ガリレイ変換のもとでの「**速度の合成則**」である。先ほどの「速度の変換式」$u' = u - v$ で $u' = w$ とすれば、③式と同じになる。

例えば、速度 v で運動する地球上を、その進行方向に向かって速度 w で走る人がいたとしよう。太陽から見ると、その人の速度 u は、$u = v + w$ となる。ちなみに地球の公転速度は、29.78 km/s もある。

天動説を信じていた人たちは、もし地球が動いているなら、その上にいる人は振り落とされるはずだと考えた。確かに速度 u は相当速いのである。人が振り落とされないのなら、地球が止まっていることになると彼らは主張したのだった。この主張を論破するには、どのように議論したらよいだろうか（☆）。

ガリレイ変換のもとでの斜交座標系

時空を扱うとき、時間を縦軸に、空間を横軸にとったグラフで表すと、わかりやすくなる。ガリレイ変換ではあまりその必要性が感じられないだろうが、相対論で時空の対称性を扱うときに威力を発揮するので、まずその使い方に慣れておきたい。

時間軸と空間軸を距離の単位にそろえておくと、2次元空間を表すグラフと同じように扱うことができて都合がよい。そこで、時間の方には速度定数である光速 c を掛けて、ct とする。そうしたグラフのことを、「**時空グラフ**」と呼ぼう。なお、軸のスケール（尺度）は任意に取ることができて、ガリレイ変換ではどんな速度を掛けてもよい。式の上で

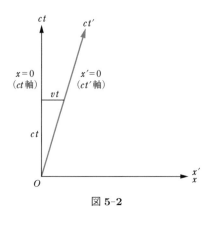

図 5-2

は、これまでと同様に (x, t) も用いるが、時空グラフの座標では、(x, ct) の表記に切り替えよう。

まず、慣性系 K の点 (x, ct) を時空グラフに表すために、x 軸を水平右向きに取り、ct 軸を垂直上向きに取った「直交座標系」を用いる(図 5-2)。ガリレイ変換では、座標系 (x, ct) が (x', ct') に変換されるわけだから、それに伴って座標軸も変化することになる。そこで、x' 軸と ct' 軸が時空グラフの中でどのように変わるかを調べたい。

x 軸は $ct = 0$ という点の集合だから、$t' = t$ より、x 軸上では常に $ct' = 0$ が成り立つ。この $ct' = 0$ は x' 軸を表すから、x' 軸と x 軸は一致することになる。

次に ct' 軸を求めよう。ct' 軸は $x' = 0$ という点の集合である。ガリレイ変換(①式)によれば、$x = vt = \dfrac{v}{c}(ct)$ を満たすときに、常に $x' = 0$ が成り立つ。つまり、$ct = \dfrac{c}{v}x$ という斜めの直線が ct' 軸となる。グラフを横にして見れば、ct' 軸は、ct 軸を v/c の割合で x 軸の方へ傾けた直線である。

このグラフを横にする見方は、特殊相対性理論の時空グラフで役立つので、覚えておきたい。かくして座標系 (x', ct') は、図のような**斜交座標系**となることがわかった。

特殊相対性原理

光の実体は、電場と磁場の周期的変化が伝わる電磁波である。マクスウェル(James Clerk Maxwell, 1831-1879)が確立した**電磁気学**の基本法則によれば、電場に対して物質中の分極(プラスとマイナスに分か

れること）の程度を表す**誘電率**（ε：ギリシャ文字イプシロン）と、磁場に対して物質中の磁化（N極とS極に分かれること）の程度を表す**透磁率**（μ：ギリシャ文字ミュー）によって、光の伝わる速さ（光速）が定まる（$c^2 = 1/\varepsilon\mu$）。また、誘電率と透磁率は真空でも定まっていて、光速は真空中で一定値 c となる。

ガリレイ変換に基づく③式によれば、光速 c の値は、観測者と光源の相対速度 v によって変わるはずである。一方、誘電率と透磁率の値を測定したとすると、光速は光源の運動状態と無関係に定められる。これは明らかな矛盾だ。つまり、物理学の根幹を成す力学と電磁気学が、互いに相容れない関係に陥ってしまったのである。

奇しくもマクスウェルの没年に生まれたアインシュタイン（図5-3）は、迷うことなく電磁気学の方が正しいと直感した。つまり、電磁気学の法則と、それが導く光速は、慣性系間の変換に対して不変でなくてはならない。これが「**光速不変の原理**」である。この原理を満たすためには、力学の方を修正して、ガリレイ変換に代わる新たな変換規則が必要となる。この新たな変換規則は、**ローレンツ**（Hendrik Lorentz, 1853-1928）の先見性に敬意を表して、**ローレンツ変換**と呼ばれる。

力学と電磁気学の根本的な矛盾を解決するためには、光速不変の原理と共に、次のことを基本原理に据える必要があるとアインシュタインは考えた。

> 4次元時空の慣性系はすべて同等であり、あらゆる物理法則は慣性系間のローレンツ変換に対して不変である。

これが「**特殊相対性原理**」である。**4次元時空**とは、3次元空間（x, y, z）と時間 t（あるいは ct）を合わせたものだ。

先ほどのガリレイ-ニュートンの相対性原理と対比して見直してみると、3つの違いがわかるだろう。第1に「3次元空間」が「4次元時空」となり、第2に「運動法則」が「あらゆる物理法則」となり、第3

図 5-3　1946 年のアインシュタイン [Fred Stein 撮影]

に「ガリレイ変換」が「ローレンツ変換」と変わった。

この第1の点は、前に述べたように、変換によって時間が変わることを取り入れた結果である。第2の点は、電磁気学の法則を含めた物理法則が変換に対して不変に保たれることを要請する。このことを「**ローレンツ不変性**（Lorentz invariance）」と言う。光速は電磁気学の法則から導かれるから、変換に対して不変でなくてはならない。第3の点は、次に説明する。

相対速度vが光速cより十分遅いということを「$v \ll c$」という記号で表し（不等号を二重にして強調する）、その極限を「$v/c \to 0$」と書く。この極限のことを、20世紀に現れたアインシュタインの相対論と対比して、「**古典力学の極限**」と呼ぼう。

ローレンツ変換の導出

ローレンツ変換の導出法の1つとして、ここでは力学の講義用に私の準備した方法を紹介する。

ある慣性系K (x, y, z, t)に対して、x軸の方向に相対速度vで運動する別の慣性系$K'(x', y', z', t')$を考える。光速不変の原理を満たすように、慣性系Kから慣性系K'への変換式を求めたい。

まず、$x = 0, t = 0$のとき、$x' = 0, t' = 0$であった。変換式には、以下のような制限がある。

1) $x' = 0$は常に$x = vt$の位置にある。
2) $v = 0$では、そもそも相対運動がないので、常に$x' = x, t' = t$となる。
3) 古典力学の極限で、$x' = x - vt, t' = t$（ガリレイ変換）となる。

これら3つの条件を満たすような変換式は、次式のように表せる。

$$x' = \gamma(v)(x - vt) \quad \text{—} \quad ④$$

このように $(x-vt)$ を1次式の形で含むことにより、1) と 3) の条件が満たされる。右辺に現れる相対速度 v の関数 $\gamma(v)$ は、相対論に特有の関数である。この $\gamma(v)$ の形を定めることを目標にしよう。まず上の 2) の条件より、$\gamma(0) = 1$ である。また 3) の条件より、$v/c \to 0$ の極限で $\gamma(v) = 1$ となる。

慣性系 K' の進行方向を逆にすることは、④式で v を $-v$ に置き換えることだから、$x' = \gamma(-v)(x+vt)$ となる。この効果は映像の逆再生と同じであり、④式で時間 t の符号だけを反転させると、$x' = \gamma(v)(x+vt)$ となる。そこで $\gamma(-v)(x+vt) = \gamma(v)(x+vt)$ が $(x+vt)$ の値と関係なく常に成り立つためには、次式のように $\gamma(v)$ は偶関数（第2講）でなくてはならない。

$$\gamma(-v) = \gamma(v) \quad \text{---} \quad ⑤$$

次に、慣性系 K' から慣性系 K への「逆変換」を考えよう。K' から見たときの K の相対速度は、x 軸方向に $-v$ である。特殊相対性原理によれば変換式という法則そのものも不変だから、逆変換は元の変換と同じ式の形でなくてはならない。そこで、④式の (x, ct) と (x', ct') を両辺で互いに入れ替え、さらに v を $-v$ に置き換えることで、逆変換の式を得る。

$$x = \gamma(-v)(x' + vt') = \gamma(v)(x' + vt') \quad \text{---} \quad ⑥$$

途中の $\gamma(-v)$ に⑤式を使った。一方、光速不変の原理によれば、どの慣性系で光速を測っても、同じ値 c でなければならない。そのことを表す、$x = ct$ と $x' = ct'$ を④式に代入して、次式を得る。

$$ct' = \gamma(v)(ct - vt) = \gamma(v)\left(1 - \frac{v}{c}\right)ct \quad \text{---} \quad ⑦$$

また、逆変換の⑥式に $x = ct$ と $x' = ct'$ を代入して、次式を得る。

$$ct = \gamma(v)\left(ct' + vt'\right) = \gamma(v)\left(1 + \frac{v}{c}\right)ct'$$
$$= \gamma(v)^2 \left(1 + \frac{v}{c}\right)\left(1 - \frac{v}{c}\right)ct = \gamma(v)^2 \left(1 - \frac{v^2}{c^2}\right)ct \quad —— \text{⑧}$$

途中の ct' に⑦式を代入した。⑧式が ct の値と関係なく常に成り立つためには、次式が成り立たなくてはならない。

$$\gamma(v)^2 \left(1 - \frac{v^2}{c^2}\right) = 1 \text{ より、} \quad \gamma(v)^2 = \frac{1}{1 - \dfrac{v^2}{c^2}}$$

$\gamma(v)$ には正と負、両方の可能性があるが、$\gamma(v)$ が負では $\gamma(0) = 1$ を満たせないため、$\gamma(v)$ は正でなくてはならない。また、$\gamma(v)$ が正の方は、$v/c \to 0$ の極限で $\gamma(v) = 1$ となるので求める解である。

$$\therefore \gamma(v) = \frac{1}{\sqrt{1 - \dfrac{v^2}{c^2}}} \quad —— \text{⑨}$$

これで、④式の変換式を定めることができた。あとは仕上げに、⑥式から t' を解けばよい。

$x = \gamma(v)x' + \gamma(v)vt'$ より、移項して $\gamma(v)vt' = x - \gamma(v)x'$ だから、次式を得る。なお、$\gamma(v)$ を簡単に γ と書くことにする。

$$t' = \frac{1}{\gamma v}\left(x - \gamma x'\right) = \frac{1}{\gamma v}\left\{x - \gamma^2\left(x - vt\right)\right\}$$
$$= \frac{1}{\gamma v}(x - \gamma^2 x + \gamma^2 vt) = \frac{1}{\gamma v}x - \frac{\gamma}{v}x + \gamma t$$
$$= \gamma t - \frac{\gamma}{v}\left(1 - \frac{1}{\gamma^2}\right)x = \gamma t - \frac{\gamma}{v}\frac{v^2}{c^2}x$$
$$= \gamma\left(t - \frac{v}{c^2}x\right) \quad\quad\quad —— \text{⑩}$$

途中の x' に④式を代入した。また、⑨式を変形して得られる関係式 $1 - \dfrac{1}{\gamma^2} = \dfrac{v^2}{c^2}$ を最後の方で用いた。④式、⑨式、⑩式をまとめて、次式を得る。

第5講 相対性とは——ガリレオからアインシュタインへ

$$\begin{cases} x' = \dfrac{x - vt}{\sqrt{1 - \dfrac{v^2}{c^2}}}, \quad t' = \dfrac{t - \dfrac{v}{c^2}x}{\sqrt{1 - \dfrac{v^2}{c^2}}} \\ y' = y \\ z' = z \end{cases} \quad \text{―⑪}$$

なお、y と z の方向には慣性系の移動が生じないので、④式で $v = 0$ としたときと同様になる。

⑪式が、ローレンツ変換の式である。これは単なる式というより、「相対論という考え方」そのものを反映しており、以下のようにじっくりとその考え方を吟味したい。

ローレンツ変換の意味

相対速度 v が光速より十分遅い古典力学の極限では、⑪式の v/c^2 や v^2/c^2 を近似的にゼロとしてよく、分母が1となって、$x' = x - vt$, $t' = t$（ガリレイ変換）となる。

一方、相対速度 v が光速を超えると（$v > c$）、⑪式の平方根の中が負になるため、時間と空間が現実にはありえない「虚数」となってしまう。また、相対速度 v が光速となると（$v = c$）、⑪式の分母がゼロになり、x と t が有限であっても x' と t' は無限大となるから許されない。つまり、相対速度が光速に達しえないということは、特殊相対性理論の帰結であって、予め前提としたことではない。

ただし、$v = c$ が成り立つような特別な場合がある。それは、**光の伝播**（波動が広がること）と、重力を伝える**重力波**の伝播である。重力波の詳しい説明は、本書の姉妹編、『科学という考え方――アインシュタインの宇宙』（中公新書、2016）の第8講をお読みいただきたい。

ここで「$v \to c$」という極限のことを、「**光という極限**」と呼ぶことにしよう。単に $v = c$ を $x = vt$ に代入するのとは違って、光という極限は特別な物理現象を表すことに注意したい。

光の伝播では、どの慣性系から見ても距離と時間が有限だから、光という極限「$v \to c$」でx'とt'が有限であるためには、⑪式でx'とt'の分子が$x = ct$とならなくてはならない。この重要な関係式「$x = ct$」は、確かに光の軌跡を表している（第9講）。

次に空間や時間の「変位」を考えて、変位のガリレイ変換（②式）と同様に計算すれば、次の「**変位のローレンツ変換**」が⑪式から求められる（☆）。

$$\Delta x' = \frac{\Delta x - v\Delta t}{\sqrt{1 - \frac{v^2}{c^2}}}, \quad \Delta t' = \frac{\Delta t - \frac{v}{c^2}\Delta x}{\sqrt{1 - \frac{v^2}{c^2}}} \quad\text{---}\quad ⑫$$

ある慣性系で時間と空間のいずれかが変化しただけで、別の慣性系では、時間と空間の両方がこの変換式に従って変化することがわかる。⑫式の変換式は、運動量とエネルギーを導くときや、それらを変換する際などに役立つ（第6講）。

ローレンツ変換のもとでの「速度の合成則」

物体あるいは光が、慣性系K'上をx'軸の向きに速度wで運動するとき、$x' = wt'$が成り立つ。慣性系Kでは、wがローレンツ変換（⑪式）のもとでどのように変わるのだろうか。これまでと同様、2つの慣性系の相対速度をvとする。

$x' = wt'$に$x' = \dfrac{x - vt}{\sqrt{1 - \frac{v^2}{c^2}}}, \quad t' = \dfrac{t - \frac{v}{c^2}x}{\sqrt{1 - \frac{v^2}{c^2}}}$を代入して、

$$\frac{x - vt}{\sqrt{1 - \frac{v^2}{c^2}}} = \frac{w\left(t - \frac{v}{c^2}x\right)}{\sqrt{1 - \frac{v^2}{c^2}}} \quad \therefore x - vt = wt - \frac{vw}{c^2}x$$

xとtを含む項をそれぞれ移項して、$x + \dfrac{vw}{c^2}x = wt + vt,$

第5講　相対性とは——ガリレオからアインシュタインへ

$$\left(1 + \frac{vw}{c^2}\right)x = (w+v)t \text{ より、} x = \frac{w+v}{1+\dfrac{vw}{c^2}}t \text{ が得られる。慣性系}$$

K で測った物体の速度 $u = \dfrac{x}{t}$ は、次のようになる。

$$u = \frac{w+v}{1+\dfrac{vw}{c^2}} \quad\text{---}\quad ⑬$$

これがローレンツ変換のもとでの「速度の合成則」である。

なお、$v \ll c$ と $w \ll c$ が同時に成り立つときは、⑬式の分母が近似的に 1 となって $u = w + v$ が得られ、ガリレイ変換のもとでの速度の合成則（③式）となる。

また、光が速度 $w = c$ で伝播するとき、⑬式に $w = c$ を代入して次式のようになる。

$$u = \frac{c+v}{1+\dfrac{vc}{c^2}} = \frac{c(c+v)}{c\left(1+\dfrac{v}{c}\right)} = \frac{c(c+v)}{c+v} = c$$

慣性系 K' 上の光源から発せられた光（$w = c$）は、どんな慣性系 K から見ても光速（$u = c$）で伝わる。このことから、前提で用いた光速不変が確かめられた。

ここで、光速不変は相対速度 v によらず、例えば $v \to -v$ と置き換えても成り立つことに注意しよう。つまり、光速に対しては、どんな相対速度を足しても（$+v$）引いても（$-v$）光速である。⑬式はそのことを保証する形になっているのだ。

ローレンツ変換のもとでの「速度の変換式」

ガリレイ-ニュートンの相対性原理に続いて説明した「速度の変換式」を、ローレンツ変換のもとで修正してみよう。

ある同じ物体の速度を測ったところ、慣性系 K では u、慣性系 K' では u' だったとする。速度の定義から、$u \equiv \dfrac{\Delta x}{\Delta t}$（$\Delta t \to 0$）である。$u'$ は、変位のローレンツ変換（⑫式）を使うことで、次のようになる。

$$u' \equiv \frac{\Delta x'}{\Delta t'} = \frac{\Delta x - v\Delta t}{\sqrt{1 - \frac{v^2}{c^2}}} \cdot \frac{\sqrt{1 - \frac{v^2}{c^2}}}{\Delta t - \frac{v}{c^2}\Delta x}$$

$$= \frac{\Delta x - v\Delta t}{\Delta t - \frac{v}{c^2}\Delta x} = \frac{\frac{\Delta x}{\Delta t} - v}{1 - \frac{v}{c^2}\frac{\Delta x}{\Delta t}} = \frac{u - v}{1 - \frac{vu}{c^2}}$$

この式は、ローレンツ変換のもとでの「速度の合成則」である⑬式と同じである。前の説明では $u' = w$ としていたので、次式のように変形すればよい。

$$w = \frac{u - v}{1 - \frac{vu}{c^2}} \text{ より、} \quad w - \frac{vu}{c^2}w = u - v \text{ となって、}$$

$$w + v = \left(1 + \frac{vw}{c^2}\right)u \quad \therefore u = \frac{w + v}{1 + \frac{vw}{c^2}}$$

復習になるが、慣性系 K' から慣性系 K への「逆変換」を考えれば、上の計算は⑬式の u と w を互いに入れ替え、さらに v を $-v$ に置き換えることで、直ちに $w = \dfrac{u - v}{1 - \frac{vu}{c^2}}$ の式が得られる。

ローレンツ変換のもとでの斜交座標系

前にガリレイ変換のもとでの時空グラフを説明したが、ローレンツ変換のもとでの時空グラフはどうなるだろうか。この新しい時空グラフが、特殊相対性理論の時空の理解を助けることになるので、確認してみよう。

まず、ct' 軸が ct 軸を v/c の割合で x 軸の方に傾けた直線であることは、前述のガリレイ変換と同じである。

次に x' 軸を求めよう。x' 軸は $ct' = 0$ という点の集合である。ロー

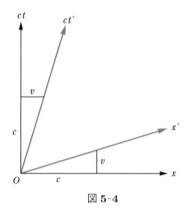

図 5-4

レンツ変換の t' に関する ⑪ 式に $t'=0$ を代入して、$0 = \dfrac{t - \dfrac{v}{c^2}x}{\sqrt{1-\dfrac{v^2}{c^2}}}$ だから、$t - \dfrac{v}{c^2}x = 0$ となる。つまり、$t = \dfrac{v}{c^2}x$ だから次式を得る。

$$\therefore ct = \dfrac{v}{c}x \quad \text{―――} \quad ⑭$$

これが x' 軸を表す式であり、x 軸を v/c の割合で ct 軸の方へ傾けた直線である。かくしてローレンツ変換による慣性系 $K'\,(x',\,ct')$ の時空グラフは、時間軸と空間軸の両方を v/c の割合で斜めに傾けたものであることがわかった（図 5-4）。

この時空グラフでは、空間軸と時間軸が元々の直交座標系に対して対称的に傾けられており、特殊相対性理論が時空を対称的に扱うものであることが幾何学的に示されている。

「時間の伸び」の相対性

慣性系 K で $x=0$ という一定の場所に置かれた時計について、$t=0$ から $t=t_1\,(t_1>0)$ まで時間が経つとき、慣性系 K' でこの時間に対応する $t'=0$ から $t'=t'_1$ までの経過時間を求めてみよう（図 5-5）。もちろん、どちらの慣性系に置かれた時計も同じ性能を持っており、$t=0$ と $t'=0$ のときに同期させておく。

ローレンツ変換の t' に関する⑪式で、左辺に $t'=t'_1$ を、右辺に $t=t_1,\,x=0$ を代入すると、直ちに次式が得られる。

$$t'_1 = \frac{t_1}{\sqrt{1-\frac{v^2}{c^2}}} > t_1$$

―― ⑮

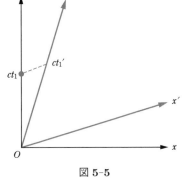

図 5-5

前述のように慣性系同士の相対速度 v は光速 c に達しえないので、必ず $v < c$ である。すると、$0 < \left(1-\frac{v^2}{c^2}\right) < 1$ だから $\sqrt{1-\frac{v^2}{c^2}} < 1$ となり、⑮式の分母は 1 より小さいため、$t'_1 > t_1$ が成り立つ。

つまり、K' での経過時間の方が、K の経過時間より長くなることがわかる。この「**時間の伸び**」は、相対論的効果の 1 つである。

今度は、時間を 2 つの慣性系で逆に見たときの「**相対性**」を確かめよう。慣性系 K' で $x' = 0$ という一定の場所に置かれた時計について、$t' = 0$ から $t' = t'_1$ まで時間が経つとき、慣性系 K でこの時間に対応する $t = 0$ から $t = t_1$ までの経過時間を求める。

まず、ローレンツ変換の x' に関する⑪式で $x' = 0$ とすると、$x = vt$ となる。t' に関する⑪式で、左辺に $t' = t'_1$ を、右辺に $t = t_1, x = vt = vt_1$ を代入すると、次式が得られる。

$$t'_1 = \frac{t_1 - \frac{v}{c^2}x}{\sqrt{1-\frac{v^2}{c^2}}} = \frac{t_1 - \frac{v}{c^2}vt_1}{\sqrt{1-\frac{v^2}{c^2}}} = \frac{t_1\left(1-\frac{v^2}{c^2}\right)}{\sqrt{1-\frac{v^2}{c^2}}} = t_1\sqrt{1-\frac{v^2}{c^2}}$$

したがって、次式のように $t_1 > t'_1$ が成り立つ。

$$t_1 = \frac{t'_1}{\sqrt{1-\frac{v^2}{c^2}}} > t'_1 \quad ―― ⑯$$

⑮式と⑯式からわかるように、経過時間は慣性系同士で「互いに」伸びる。すなわち、「時間の伸び」という現象は相対論的なのだ。

「ローレンツ収縮」の相対性

「時間の伸び」に対して、空間の長さ（距離）にはどのような変化が生じるのかを次に見てみよう。

時空の1点が時間的に推移する軌跡のことを「**世界線**」と言う。例えば棒が静止しているとき、その棒上の各点がすべて時間軸と平行に世界線を掃くから、棒全体の世界線は帯（ベルト）状になる（図5-6）。

慣性系 K' において、長さ l $(l > 0)$ の棒が静止しているとしよう。棒の左端を原点に一致させて x' 軸上に置くと、棒の左端（$x' = 0$）の世界線は ct' 軸と一致する。また、棒の右端（$x' = l$）の世界線は ct' 軸と平行になる。

この棒は x' 軸に平行なまま、時間経過に従って、図5-6のように上（$ct' > 0$）へ平行移動していく。また、$ct' = 0$ より過去に遡ると、下（$ct' < 0$）へ平行移動する。

慣性系 K で $t = 0$ の瞬間に、この棒の写真を撮ったとしよう。$ct = 0$ は x 軸だから、棒全体の世界線である「棒の帯」を x 軸で切ったことになる。その切断面（図5-6の太線）の長さが、K で観測される棒の長さ x である。この x を求めてみよう。

ローレンツ変換の x' に関する⑪式で、左辺に $x' = l$ を、右辺に $t = 0$ を代入すると $l = \dfrac{x}{\sqrt{1 - \dfrac{v^2}{c^2}}}$ となり、直ちに次式が得られる。

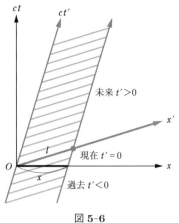

図5-6

$$x = l\sqrt{1 - \frac{v^2}{c^2}} < l \quad \text{---} \quad ⑰$$

$\sqrt{1 - \dfrac{v^2}{c^2}} < 1$ だから、$x < l$ が成り立つ。

つまり、K での棒の長さの方が、K' での棒の長さより短くなることがわかる。これは「**ローレンツ収縮**」と呼ばれる現象で、相対論的効果の1つである。

今度は、ローレンツ収縮の「相対性」を確かめよう。慣性系 K の x 軸上に長さ l の棒が静止しているとき、慣性系 K' で $t' = 0$ の瞬間に、この棒の写真を撮る。K' で観測される棒の長さ x' を求めてみよう。

まず、ローレンツ変換の t' に関する⑪式で $t' = 0$ とすると、$t = \dfrac{v}{c^2}x$ となる。x' に関する⑪式で、右辺に $x = l$, $t = \dfrac{v}{c^2}x = \dfrac{v}{c^2}l$ を代入すると、次式が得られる。

$$x' = \frac{l - vt}{\sqrt{1 - \dfrac{v^2}{c^2}}} = \frac{l - v\dfrac{v}{c^2}l}{\sqrt{1 - \dfrac{v^2}{c^2}}} = \frac{l\left(1 - \dfrac{v^2}{c^2}\right)}{\sqrt{1 - \dfrac{v^2}{c^2}}}$$

$$= l\sqrt{1 - \frac{v^2}{c^2}} < l \quad \text{---} \quad ⑱$$

⑰式と⑱式からわかるように、距離は慣性系同士で「互いに」縮む。すなわち、「ローレンツ収縮」という現象は相対論的なのだ。

なお、慣性系 K' に長さ l の棒が静止しているとき、$t = t_1 > 0$ に対応する水平線（$ct = 0$ に平行）で「棒の帯」を切ったとしても、その切断面の長さが⑰式と変わらないことは、図5-6からわかるだろう。式の上では、次のようにすればよい。

棒の左端（$x' = 0$）と右端（$x' = l$）の切断面が、慣性系 K でそれぞれ (x_1, ct_1) と (x_2, ct_1) の点に対応しているとしよう。まず $x' = 0$ より、x' に関する⑪式から $x_1 = vt_1$ となる。次に $x' = l$ より、x' に関する⑪式で、左辺に $x' = l$ を、右辺に $x = x_2$, $t = t_1$ を代入すると、

第5講 相対性とは――ガリレオからアインシュタインへ

次式が得られる。

$$l = \frac{x_2 - vt_1}{\sqrt{1 - \dfrac{v^2}{c^2}}} \text{ より、} \quad x_2 = l\sqrt{1 - \frac{v^2}{c^2}} + vt_1$$

そこで、K で観測される棒の長さ x が求められ、⑰式と同じ結果が得られる。

$$x = x_2 - x_1 = \left(l\sqrt{1 - \frac{v^2}{c^2}} + vt_1\right) - vt_1 = l\sqrt{1 - \frac{v^2}{c^2}} < l$$

奥の深い問題 その2

問：ローレンツ変換のもとでの時空グラフでは、空間軸と時間軸が元々の直交座標系に対して対称的に傾けられており、特殊相対性理論は時間と空間を対称的に扱う。一方、時間には「時間の伸び」が起こり、空間には「ローレンツ収縮」が起こる。この2つの相対論的な効果は、どうして「対称的」にならないのだろうか？（☆ 答は第9講）

第6講 | 不変量とは――仕事とエネルギー

　第4講では、物体の運動を考える際に「力」に注目してきたが、第6講では、注目する物理量を「仕事」や「エネルギー」に広げていく。また、相対論的な運動量とエネルギーから、アインシュタインの有名な式 $E = mc^2$ に達するまでの考え方をたどる。

　第5講で、ガリレイ変換とローレンツ変換を説明した。これらの変換によって、慣性系間で値の変わらない物理量のことを、「**不変量**」と言う。例えば、加速度はガリレイ変換に対する不変量であり、光速はローレンツ変換に対する不変量だった。不変量は相対論の要となる物理量であり、新しい不変量を見つけることは、新しい法則を発見するのと同じくらい重要なのだ。

いろいろなエネルギー

　物体が推進力を受けて運動するとき、その力のする「**仕事（work）**」は次式で定義される。「負の推進力」である「抵抗力」が速度と逆向きに働くときは、仕事も負の値を持つことになる。

　　仕事 ≡ ［推進力（運動方向の成分）］× 移動距離　──　①

　エネルギーとは、仕事はもちろん、仕事に変わりうるもの、仕事が変化したものなどを合わせて総称した物理量である。要するに、仕事はエネルギーの一部なのだ。仕事以外のエネルギーとして、例えば「熱」がある。また、物体の高さなどの「位置」によって決まるエネルギーを**位置エネルギー**と呼ぶ。

　物体の速さに直接関係するエネルギーを、**運動エネルギー**と呼ぶ。特殊相対性理論によれば、物体は次式で表される**静止エネルギー**を持つ

(本講の最後で証明する)。

$$\text{静止エネルギー} = \text{質量} \times [\text{光速}]^2 \quad —— \quad ②$$

②式の静止エネルギーは、常に正の値を持つ。運動エネルギーや熱もまた、正の値しか持たないことは、古典力学から熱力学を経て相対論に至っても当然のことだった。しかし、この考え方は相対論的量子力学で修正されることになる（第10講）。

微小変位と微小仕事

物体の位置が刻々と変わるような運動を正確に表すには、微小な変化量（変位と同様に Δ を付けて表す）を考える必要がある。そこで、軌道上の各点で**微小変位**（微小な空間変位）$\Delta \vec{r}$ を考えよう。この微小変位はベクトル（上に矢印を付けて表す）で、その方向（運動方向）は軌道の接線方向と一致する（図6-1）。また、Δr は $\Delta \vec{r}$ の大きさを表す。

次式のように、微小変位を Δt で割ったベクトルは、Δt が十分小さい極限で、その瞬間の速度 $\vec{v}$ と見なせる。

$$\vec{v} = \frac{\Delta \vec{r}}{\Delta t} \quad (\Delta t \to 0) \quad —— \quad ③$$

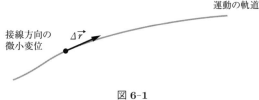

図 6-1

③式より速度と微小変位の方向が一致するから、速度もまた軌道の接線方向と一致することがわかる。

次に、図6-2のような推進力 $\vec{F}$ が働いているとして、接線方向の力の成分を F_s（添字の s は

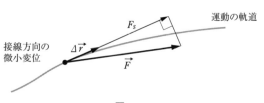

図 6-2

segment［線分］の意味）と書く。運動方向は接線方向と一致するから、F_s に微小変位の大きさ Δr を掛けた値を、①式に従って**微小仕事** ΔW と定義する。

$$\Delta W \equiv F_s \Delta r \quad\text{---}\quad ④$$

なお、接線方向に垂直な力の成分は仕事をしないので、図でも省略している。

ヘルムホルツによる保存の原理

ヘルムホルツ (Hermann von Helmholtz, 1821-1894) は、1847年の講演で、運動エネルギーと位置エネルギーの総和（**力学的エネルギー**と呼ぶ）が保たれるという「**エネルギー保存則**」を確立した。その講演の演題は『力の保存についての物理学的論述』【ヘルムホルツ（高林武彦訳）『世界の名著65（現代の科学Ⅰ）力の保存についての物理学的論述』pp.231-283 中央公論社 (1973)】であり、演題にある「力の保存」は「力学的エネルギーの保存」を意味する。この講演録から、「保存の原理」の部分を引用しよう［ただし「活力」をエネルギーと置き換えるなど現代の用語に直した］。

「この原理の数学的表現を求めるならば、われわれはこれをよく知られたエネルギー保存の法則に見出す。仕事の量は、周知のようにある決まった高さ h に持ち上げられた質量 m として表現されえ、それは mgh である。ここに g は重力の強さである【同 p.238】。」

重力加速度を g として、質量 m の物体に働く重力は mg である。重力に抗した上向きの力 mg をかけながら、物体を高さ h まで持ち上げるとき、この力のする仕事は、①式から mgh となる。

「質量 m の物体は垂直に高さ h まで自由に上がるためには $v = \sqrt{2gh}$

の速度を必要とし、それが落ちてきたとき再びこの速度に達する。かくして $\frac{1}{2}mv^2 = mgh$ である。[中略] 私は $\frac{1}{2}mv^2$ なる量をエネルギーの量と名づけることにする。こうすることによって、それは仕事量の尺度と同じになる【同 p.238】。」

少し補足しよう。ボールを $v = \sqrt{2gh}$ の速度で真上に投げ上げれば、高さ h まで上がることが、実際に測って確かめられる。ボールが高さ h に達したときに速度がゼロとなり、その直後に下へ落ち始める。再び同じ位置にまで落ちてきたとき、その速度は下向きに $v = \sqrt{2gh}$ となる。この v を $\frac{1}{2}mv^2$ に代入すると、次のようになる。

$$\frac{1}{2}mv^2 = \frac{1}{2}m\left(\sqrt{2gh}\right)^2 = \frac{1}{2}m(2gh) = mgh$$

「仕事量の尺度」である mgh は、高さ h に対する重力の位置エネルギーだ。したがって、運動エネルギーを $\frac{1}{2}mv^2$ と定義すれば、この位置エネルギーと等しくできることがわかった。

運動エネルギーの変化と仕事

次に、運動エネルギーと仕事の一般的な関係を検討しよう。物体が Δt において一定の力 F_s（接線方向の成分）を受けて運動し、その間に、A 点の速度 v_A から、B 点の速度 v_B まで変化したとする。速度は常に接線方向なので、運動の法則（第 4 講の②式）を接線方向で考えれば、次式が得られる。

$$m\frac{(v_B - v_A)}{\Delta t} = F_s \quad —— \quad ⑤$$

A 点から B 点まで移動したとき、速度の平均値（平均速度）は、v_A と v_B を足して 2 で割ればよい。接線方向の微小変位は、この平均速度と時間の積だから、次式が成り立つ。

$$\Delta r = \frac{1}{2}(v_B + v_A)\Delta t \quad —— \quad ⑥$$

微小仕事 ΔW_{AB} を定義する④式 $\Delta W_{AB} \equiv F_s \Delta r$ に、⑤式と⑥式を代入すれば、運動エネルギーの変化量が得られる。

$$\begin{aligned}\Delta W_{AB} &= m\frac{(v_B - v_A)}{\Delta t} \cdot \frac{1}{2}(v_B + v_A)\Delta t \\ &= \frac{1}{2}m(v_B - v_A)(v_B + v_A) \\ &= \frac{1}{2}mv_B^2 - \frac{1}{2}mv_A^2 \quad\text{---}\quad ⑦\end{aligned}$$

そこで、A 点の運動エネルギー K_A（K は kinetic energy の頭文字）と B 点の運動エネルギー K_B を、次式で定義する。

$$K_A \equiv \frac{1}{2}mv_A^2, \quad K_B \equiv \frac{1}{2}mv_B^2$$

微小仕事 ΔW_{AB} が正ならば、⑦式より $\Delta W_{AB} = K_B - K_A > 0$ だから、$K_B > K_A$ となり、運動エネルギーが大きくなる。

次の B 点から C 点までの微小仕事は、同様に運動エネルギーの差として $\Delta W_{BC} = K_C - K_B$ である。以下同様にして、これらの微小仕事を運動の軌道に沿って足し合わせ、微小仕事の総和 W を求めると、途中の各点での運動エネルギーがそれぞれ打ち消し合って、次式のようになる。

$$\begin{aligned}W &\equiv \Delta W_{AB} + \Delta W_{BC} + \Delta W_{CD} + \cdots + \Delta W_{YZ} \\ &= [K_B - K_A] + [K_C - K_B] + [K_D - K_C] + \cdots + [K_Z - K_Y] \\ &= K_Z - K_A \quad\text{---}\quad ⑧\end{aligned}$$

⑧式で表されているように、推進力のする仕事 W は終点 Z と始点 A の運動エネルギーの変化量 $[K_Z - K_A]$ に等しい。また、運動の途中で力（加速度）の方向や大きさが変化してもよいので、一般の運動に対して⑧式が成り立つ。

力学的エネルギーの保存則

力のする仕事が、始点と終点の位置エネルギーの変化量だけで決まる

とき、その力を**保存力**と言う。「保存力のする仕事」とは、位置エネルギーの変化量が転化した仕事を指す。重力は保存力の代表例で、高い所から物体を落とせば、その高低差に比例したエネルギーが得られる。これが「重力のする仕事」である。

位置エネルギー U の変化量が転化した仕事を W とすると、$U(始点) = U(終点) + W$ であり、$W = [U(始点) - U(終点)]$ となる。例えば重力のする仕事は、高い位置が始点で、低い位置が終点のときに正の値となる（$W > 0$）。具体的には水力発電などをイメージすればよい。

逆に、保存力に逆らって仕事 W' をするとき（例えば重力に逆らって重い物を持ち上げる場合）、その仕事をすべて位置エネルギーの変化量に転化できる。この場合は $U(始点) + W' = U(終点)$ であり、位置エネルギーの変化量は $W' = [U(終点) - U(始点)]$ となる。つまり仕事の出入りによって、位置エネルギーの始点と終点の順序が逆になるので、注意したい。

保存力は位置エネルギーに関わる力なので、次式のように、推進力を保存力と、保存力でない力に分けることにする。例えば万有引力や遠心力は保存力であり、風力や空気抵抗は「保存力でない力」である。

　　推進力 ＝ 保存力 ＋ 保存力でない力　　── ⑨

⑨式の右辺のように複数の力（ベクトル）を足し合わせた力を、**合力**と言う。例えば、斜面上を滑り落ちる運動の場合、物体に働く重力と垂直抗力（斜面に対して垂直に働く力）の合力が斜面下方向を向き、これが推進力となる。ただし、重力は保存力であり、垂直抗力は保存力でない力だ。垂直抗力は運動方向（斜面下方向）に対して常に垂直に働くから、仕事をしない。

この斜面の運動のように、保存力でない力が仕事をしなければ、①式に従って⑨式に移動距離を掛けると、次式が成り立つ。

　　推進力のする仕事 ＝ 保存力のする仕事　　── ⑩

推進力のする仕事は、⑧式によって $[K(終点) - K(始点)]$ と表される。一方、保存力のする仕事は、$[U(始点) - U(終点)]$ だった。2つのエネルギー変化では、始点と終点の順序が逆になることに注意しよう。なぜなら、推進力のする仕事は運動エネルギーの変化量に転化するが、保存力のする仕事は位置エネルギーの変化量が転化したものだからである。

⑩式をエネルギーに置き換えれば、次式のようになる。

$$K(終点) - K(始点) = U(始点) - U(終点)$$

両辺の第2項同士を移項して、左辺に「終点」を、右辺に「始点」をまとめると、次式が成り立つ。

$$K(終点) + U(終点) = K(始点) + U(始点) \quad —— ⑪$$

前述のように、運動エネルギー K と位置エネルギー U の和は、力学的エネルギーである。すると、⑪式の左辺は終点の力学的エネルギーを表し、右辺は始点の力学的エネルギーを表す。また、位置エネルギーがある限り、始点と終点は空間のどこにでも任意に取れる。つまり、いつどこに移動しても力学的エネルギーは等しくなる。これが「力学的エネルギーの保存則」であり、$K + U = C$（C は定数）と表せる。力学的エネルギーの保存則は、保存力でない力が仕事をしない限り、必ず成り立つ法則である。

不変式と不変量

ここからは、相対論的なエネルギーを導くことを目標として、段階を追って必要な説明を加えていこう。まず、慣性系 K (x, ct) と慣性系 K' (x', ct') において、同じ一定値（const. と表す）を取る式に注目する。結論から先に見てみよう。なお、簡単のため、$y' = y = 0$, $z' = z = 0$ としている。

$$c^2 t'^2 - x'^2 = c^2 t^2 - x^2 = \text{const.} \quad \text{——} \quad ⑫$$

　$c^2 t^2 + x^2$ であれば、時空グラフで原点と座標間の距離の 2 乗だが、⑫式は 2 項の「差」であることに注意しよう。アインシュタインが大学時代に数学を教わったミンコフスキー（Hermann Minkowski, 1864-1909）は、時間軸を虚数で表せば、2 項の「和」で表せることを 1908 年に指摘している。そのこと自体は新たな物理法則につながらなかったが、ミンコフスキーは次に説明する固有時という考え方を初めて導入した。

　⑫式は、「$c^2 t^2$ と x^2 の差の値が慣性系によらない」という意味である。このように、ローレンツ変換に対して式の値が不変量となるものを、「**不変式**」と言う。⑫式は、相対論で初めて明らかになった「**時空の不変式**」である。

　⑫式の証明は、左辺の $c^2 t'^2 - x'^2$ に、ローレンツ変換の式（第 5 講⑪式）を代入して、次のように計算を進めればよい。

$$
\begin{aligned}
c^2 t'^2 - x'^2 &= c^2 \left(\frac{t - \frac{v}{c^2} x}{\sqrt{1 - \frac{v^2}{c^2}}} \right)^2 - \left(\frac{x - vt}{\sqrt{1 - \frac{v^2}{c^2}}} \right)^2 \\
&= \frac{1}{1 - \frac{v^2}{c^2}} \left(c^2 t^2 - 2tvx + \frac{v^2}{c^2} x^2 - x^2 + 2xvt - v^2 t^2 \right) \\
&= \frac{1}{1 - \frac{v^2}{c^2}} \left(c^2 t^2 - x^2 - v^2 t^2 + \frac{v^2}{c^2} x^2 \right) \\
&= \frac{1}{1 - \frac{v^2}{c^2}} \left\{ (c^2 t^2 - x^2) - \frac{v^2}{c^2} (c^2 t^2 - x^2) \right\} \\
&= \frac{1 - \frac{v^2}{c^2}}{1 - \frac{v^2}{c^2}} (c^2 t^2 - x^2)
\end{aligned}
$$

$$= c^2 t^2 - x^2$$

また、変位のローレンツ変換(第5講⑫式)を使えば、同様にして次の不等式が得られる。次式で定義される Δs を**線素**と呼ぶ。

$$\Delta s^2 \equiv c^2 \Delta t'^2 - \Delta x'^2 = c^2 \Delta t^2 - \Delta x^2 = \text{const.} \quad \text{---} \quad ⑬$$

⑬式より、線素(およびその2乗)はローレンツ変換に対する不変量である。慣性系 K (x, ct) で光の伝播を表す式 $\Delta x = c\Delta t$ を⑬式に代入すると、直ちに $\Delta x' = c\Delta t'$ (光速不変を意味する式)が得られ、$\Delta s = 0$ となる。つまり、光の伝播に対する線素は、慣性系によらず常にゼロである。

固有時という不変量

次に、大切な不変量をもう1つ導入しよう。それは「**固有時 (proper time)**」という変化量で、物体上の1点に固定した慣性系の時間である。つまり、物体に「固有」の時間が固有時だ。

この「物体上の1点に固定した慣性系」は、電車の1箇所に置かれた時計のように、物体と一体となって運動する慣性系 K' (x', ct') のことである。これまでは、慣性系 K' が先に与えられて物体の運動(例えば速度 w)について定式化してきた。これから固有時という考え方を使うときは、先に対象とする物体があって、その物体上の1点に慣性系 K' を固定するところが違う。

固有時 $\Delta \tau$ (ギリシャ文字タウ)は、この K' 上で $\Delta \tau \equiv \Delta t'$ と定義される。一般の慣性系 K' とは異なり、物体上の1点しか考えないので、常に $\Delta x' = 0$ となる。$\Delta t' = \Delta \tau$ と $\Delta x' = 0$ を⑬式に代入すると、次式を得る。

$$c^2 \Delta \tau^2 = \text{const.} \quad \text{---} \quad ⑭$$

⑭式で光速 c は定数だから、固有時 $\Delta \tau$ (およびその2乗)も慣性系

によらない不変量であることが示された。

　物体上に固定した慣性系 K' では、今説明したように常に $\Delta x' = 0$ となる。変位のローレンツ変換の $\Delta x'$ に関する式（第5講⑫式）に $\Delta x' = 0$ を代入して、$0 = \dfrac{\Delta x - v\Delta t}{\sqrt{1 - \dfrac{v^2}{c^2}}}$ だから、次式を得る。

$$\Delta x = v\Delta t \quad — \quad ⑮$$

　⑮式を、「**物体の関係式**」と呼ぼう。この関係式は、「物体上の1点に固定した慣性系」と相対運動する慣性系 K に限って成り立つことに注意しよう。

　物体の関係式を⑬式の右辺に代入して、さらに変形してみる。

$$c^2 \Delta \tau^2 = c^2 \Delta t^2 - \Delta x^2 = c^2 \Delta t^2 - (v\Delta t)^2 = (c^2 - v^2)\Delta t^2$$

つまり、$\Delta t^2 = \dfrac{c^2}{c^2 - v^2}\Delta \tau^2 = \dfrac{\Delta \tau^2}{1 - \dfrac{v^2}{c^2}}$ となり、$\Delta \tau$ と Δt が共に同じ符号となるように Δt を定めると、次式が得られる。

$$\Delta t = \dfrac{\Delta \tau}{\sqrt{1 - \dfrac{v^2}{c^2}}} > \Delta \tau \quad — \quad ⑯$$

ここで $\sqrt{1 - \dfrac{v^2}{c^2}} < 1$ を用いた（第5講）。相対速度 v で運動する物体について、慣性系 K で計った時間 Δt は、その物体の固有時 $\Delta \tau$ より必ず長くなる。この⑯式は、第5講⑯式と同様に、「時間の伸び」を表している。

相対論的運動量の定義

　特殊相対性理論によって、時間や空間に対する考え方が根本的に変わった。例えば、ガリレイ変換で一定だった時間や力はもはや不変量でなくなり、時間と空間は対称的に扱われるようになった。そして、光速、

線素、固有時という新たな不変量が明らかになったのである。また、運動量やエネルギーといった基本的な物理量も、定義から見直しが必要になった。

いよいよ準備が整ったので、運動量の説明を始めよう。**相対論的運動量**は、物体の固有時 $\Delta\tau$ あたりの空間変位 Δx に、質量 m を掛けた、次式で定義される。

$$p \equiv m\frac{\Delta x}{\Delta \tau} \quad (\Delta\tau \to 0) \quad\text{―}\quad ⑰$$

⑰式をニュートンによる運動量の定義（第4講④式）と比べると、時間変位 Δt を固有時 $\Delta\tau$ に代えた所だけが異なる。なお、運動量は3次元のベクトルだが、⑰式はその x 成分 p_x を表していると考え、y 成分 p_y と z 成分 p_z も同様に定義すればよい。

さて、物体の関係式 $\Delta x = v\Delta t$ を、⑰式に代入してみよう。

$$p = mv\frac{\Delta t}{\Delta \tau} = mv\frac{1}{\Delta \tau}\frac{\Delta \tau}{\sqrt{1 - \frac{v^2}{c^2}}} = \frac{mv}{\sqrt{1 - \frac{v^2}{c^2}}} > mv \quad\text{―}\quad ⑱$$

途中の Δt に⑯式を使った。⑱式の不等号は⑯式のときと同様で、相対論的運動量は古典的な運動量 mv よりも必ず大きくなる。光という極限「$v \to c$」で、⑱式の相対論的運動量は無限大となるから、物体に運動量を与えて光速にするのは不可能である。

相対論が現れた当初は、⑱式に従って質量自体が増加すると考えられたため、今でも一部の教科書や解説書にそうした「法則」が書かれていることがある。しかし、質量はあくまで不変量である。仮に光速を超えることがあったとしても、それがたとえ計算上であろうとも、「虚数の質量」を持つように変化することはない【酒井邦嘉「いかに分かりやすく正確に伝えるか――必要なのは科学と人間への深い理解だ」, *Journalism* No. 291, p.75 (2014)】。

第6講　不変量とは――仕事とエネルギー

相対論的エネルギーの発想

次は相対論的エネルギーを求めたいのだが、そのためにはアインシュタインのアクロバチックな直感的発想を想像で補う試みが必要となる。

相対論が現れる前には、エネルギーと運動量の間に密接な関係があることが力学と電磁気学の両方からわかってきていた。力学からわかったのは、次式のようにエネルギー変化（仕事）と「時間変位」の積が、運動量変化と「空間変位」の積と同等であるという関係である。つまりエネルギーと運動量は、時間と空間のそれぞれに関連していたのだ。このことは次のようにして示される。

$$\Delta W \cdot \Delta t = (F_s \Delta r)\Delta t = \left(\frac{\Delta p}{\Delta t}\Delta r\right)\Delta t = \left(\frac{\Delta p}{\Delta t}\Delta t\right)\Delta r$$
$$= \Delta p \cdot \Delta r$$

途中で、微小仕事 ΔW には④式を、力（接線方向の成分）F_s には第4講⑦式を使った。この式の値と同等な物理量を「**作用量**」と呼ぶ。また、掛け合わせて作用量となるような2つの物理量を、互いに「**共役**」であると言う。

⑰式では、空間変位 Δx から相対論的運動量を定義した。運動量変化と「空間変位」は互いに共役である。そこで、エネルギー変化と共役な「時間変位」Δt（あるいは $c\Delta t$）から、相対論的エネルギーが定義できそうである。

一方、電磁気学からわかったのは、「光の関係式」$E = cp$ であり（第2講）、マクスウェルの基本法則から導かれた。この関係式を使えば、光の運動量 p が、次式のようにエネルギー E から定まる。

$$p = \frac{E}{c} \quad \text{―――} \quad ⑲$$

そこで⑰式 $p \equiv m\dfrac{\Delta x}{\Delta \tau}$ の定義を、光速に近い速度の物体に対して、極限則として成り立つように拡張してみる。つまり、この左辺の p を光の運動量 E/c（⑲式）に置き換え、右辺の分子 Δx を光の伝播距離 $c\Delta t = \Delta(ct)$ に置き換えるのだ。すると後者は、エネルギー変化と共役

な「時間変位」を含んでいて、上の予想と合致する。

もちろん⑲式と $\Delta x = c\Delta t$ は、光や重力波でない限り、一般の物体では成り立たない。しかし、左辺の p と、右辺の分子 Δx をそれぞれ同時に置き換えた式は、質量 m を持つ一般の物体でも成り立つと考えよう。なお、物体の質量 m と固有時 $\Delta \tau$ はどちらも不変量なので、そのまま用いる。

以上の推論に基づいて、**相対論的エネルギー E を光速で割った値**は、次式のように定義できる。

$$\frac{E}{c} \equiv m \frac{\Delta(ct)}{\Delta \tau} \quad (\Delta \tau \to 0) \quad \text{---} \quad ⑳$$

そもそも、物理のさまざまな概念を自在に結びつけて奥深い真理を明らかにしていくスタイルは、アインシュタインの面目躍如であった。

なお、⑳式と⑰式を合わせて作った $(p_x, p_y, p_z, E/c)$ は、**4次元運動量**と呼ばれる。つまり、相対論的エネルギーを光速で割った⑲式は、4次元運動量の「時間成分」と見なせるのだ。

光という極限「$v \to c$」では、⑯式より $\Delta t/\Delta \tau$ が無限大になる。光では、どの慣性系から見ても有限の運動量とエネルギーが測れるのだから、⑱式の p と、⑳式の E が有限であるために、$m = 0$ でなくてはならない。したがって光子は、「質量を持たない粒」なのである。

質量とエネルギーの等価則

⑳式と⑯式より、次式を得る。

$$E = mc^2 \frac{\Delta t}{\Delta \tau} = \frac{mc^2}{\sqrt{1 - \frac{v^2}{c^2}}} \quad \text{---} \quad ㉑$$

㉑式で $v = 0$ の値を代入すると、直ちに次式が得られる。

$$E = mc^2 \quad \text{---} \quad ㉒$$

$v = 0$ という「静止状態」で得られる㉒式は、②式で説明した静止エ

ネルギーを表す。この㉒式こそがアインシュタインの最も有名な法則、**「質量とエネルギーの等価則」**である。

次に、$v \neq 0$ の運動状態を考えよう。光という極限「$v \to c$」で、㉑式の相対論的エネルギーは無限大となるから、物体にエネルギーを与えて光速にするのは不可能である。一方、古典力学の極限である $v \ll c$ のとき、次の近似式（≈ は近似の記号）が成り立つ。

$$\gamma(v) \equiv \frac{1}{\sqrt{1 - \frac{v^2}{c^2}}} \approx 1 + \frac{1}{2}\frac{v^2}{c^2} \quad —— \quad ㉓$$

㉓式は、次のように段階を踏めば、初等的な計算で導ける。

$$\gamma(v) \equiv \frac{1}{\sqrt{1 - \frac{v^2}{c^2}}} = \frac{\sqrt{1 + \frac{v^2}{c^2}}}{\sqrt{\left(1 - \frac{v^2}{c^2}\right)\left(1 + \frac{v^2}{c^2}\right)}}$$

$$= \frac{\sqrt{1 + \frac{v^2}{c^2}}}{\sqrt{1 - \frac{v^4}{c^4}}} \approx \sqrt{1 + \frac{v^2}{c^2}}$$

ここで $|v/c| \ll 1$ であるので、(v/c) の 2 乗の項よりはるかに小さい 4 乗の項をゼロとする近似を使った。また、同様にして次の近似式が成り立つから、㉓式が示される。

$$\left(1 + \frac{1}{2}\frac{v^2}{c^2}\right)^2 = 1 + \frac{v^2}{c^2} + \frac{v^4}{4c^4} \approx 1 + \frac{v^2}{c^2}$$

$$\therefore \gamma(v) \approx \sqrt{1 + \frac{v^2}{c^2}} \approx \sqrt{\left(1 + \frac{1}{2}\frac{v^2}{c^2}\right)^2} = 1 + \frac{1}{2}\frac{v^2}{c^2}$$

㉓式の近似を使って、㉑式は次のようになる。

$$E = \gamma(v) mc^2 \approx mc^2 \left(1 + \frac{1}{2}\frac{v^2}{c^2}\right) = mc^2 + \frac{1}{2}mv^2 \quad —— \quad ㉔$$

㉔式には、古典力学の運動エネルギー $\frac{1}{2}mv^2$ が近似式の第 2 項として現れる。つまり、元の㉑式は、運動エネルギーと静止エネルギーを統合する式なのだ。実際のところ、㉔式の第 2 項は 19 世紀にヘルムホルツらによって見出され、第 1 項に至っては 20 世紀にアインシュタインが発見するまで誰も気づかなかった。エネルギーはそれだけ「秘められた」物理量であり、人間にとって難しい考え方だったのである。

第7講 | 遠心力とは──慣性力の再検討

　ニュートン力学（古典力学）の出発点では、「加えられた力に対する抵抗力」として慣性力が定義された（第4講）。第7講は、この慣性力という基本的な考え方について、その一種である遠心力を取り上げて、アインシュタインの「等価原理」までの発展を説明する。

「場」とポテンシャル
　ある物理量（例えば質量）に作用する力で生じる、その物理量あたりの位置エネルギーを、**ポテンシャル**と呼ぶ。また、ポテンシャルが分布する空間のことを、特に「**場**」という。ポテンシャル（potential）は、物理の用語としては「位置」という意味であり、一般の言葉としては「潜在性」を意味する。場という空間は、その位置に応じた「潜在的な」エネルギーを蓄えていると考えるのだ。
　重力に関して、質量あたりの位置エネルギーを**重力ポテンシャル**と呼び、重力ポテンシャルが分布する空間のことを**重力場**と言う。ニュートンの万有引力の法則によれば、重力は、重力の源からの距離の2乗に逆比例して弱くなる（逆2乗則）。一方、重力の源から離れるほど位置エネルギーが高いから、重力ポテンシャルも大きくなる。
　「**一様な重力場**」とは、どこでも見渡す限り、下向きに一定の重力加速度gが働く空間のことである。地上は、高い山でもたかだか数千メートル（富士山で3,776メートル）であり、地球の半径6,378キロメートルと比べて千分の1程度だ。そのため、逆2乗則の効果がほとんど現れず、地上は近似的に一様な重力場と見なしてよい。
　一様な重力場の重力ポテンシャルは、例えば地表を重力ポテンシャルの基準面（$h = 0$）とするとき、高さhに比例したghとなる（図

図 7-1　一様な重力場の重力ポテンシャル

7-1)。このポテンシャルの値が例えば gh_1 と一定となるのは、基準面と平行な面内（$h = h_1$）に限られ、重力の源（地球）から離れるほど値が大きくなる。例えば、地表からの高さ h が2倍になると、重力ポテンシャルも2倍になる。この重力場に置かれた質量 m の物体の位置エネルギーは、mgh だった（第6講）。

　なお、ポテンシャルは位置エネルギー（potential energy）と同じ意味で使われることも多いが、本書では上記のように区別する。力を受ける個々の物体と無関係に「場」があるとして、物体の量によらないポテンシャルを考えるわけだ。図7-1のように、同じ場に質量の異なる複数の物体がある場合、ポテンシャルを gh でなく m_1gh や m_2gh などとすると、物体毎に異なる縦軸を立てなくてはならず、場という空間がわかりにくくなる。

「場」に置かれた物体に対する作用には、その反作用が生じる。反作用はその物体が生み出した場（例えば重力場）が、最初の「場」を生み出した源（例えば地球）に届くと考えればよい。

ポテンシャルと保存力

　保存力のする仕事、すなわち保存力（運動方向の成分）に移動距離（空間変位）を掛けた量は、位置エネルギー変化と等しいことを思い出そう（第6講）。この位置エネルギー変化は、［質量×ポテンシャル変化］と等しい。今度はその逆を考えてみよう。つまり、「空間変位あたりのポテンシャル変化」が先に与えられたとして、そのポテンシャルを生じさせるような「質量あたりの保存力」を求めるのだ。

　そこで、「**勾配**」という考え方が役立つ。勾配の大きさは、対象となる量の空間変位あたりの変化である。対象となる量を縦軸に取り、空間変位を横軸に取って、量の変化をグラフにすると、勾配はグラフの接線の傾きとなる。また、勾配には大きさと方向（接線の傾きの正負）があるから、ベクトルである。ポテンシャルと保存力には、一般に次のような関係がある。

　　ポテンシャルが減る方向の勾配によって、物理量（例えば質量）あたりの保存力が生じる。

　ポテンシャルを川の流れに喩えると、高い所から低い所へ流れる方向に力が生じる。勾配が大きい急流では、力も大きくなる。

　保存力は、ポテンシャルが分布する場によって生じるので、「**場の力**」とも呼ばれる。同じ高さでの移動のように、ポテンシャルの勾配が生じない移動では、ポテンシャルの差がゼロだから、保存力のする仕事もゼロである。勾配のない点同士をつないでできる面のことを、**等ポテンシャル面**と言う。

　一様な重力場では、等ポテンシャル面が地表と平行な面だった。保存

力は、等ポテンシャル面に対して常に垂直となり、この保存力自体がゼロでなくとも、等ポテンシャル面上の移動は仕事が必ずゼロとなる。

重力ポテンシャル gh は距離 h の 1 次式であり、日常使われる意味での「勾配」が一定の登り坂と、同じことである。つまり重力ポテンシャル gh では、勾配の大きさが一定値 g で、勾配の方向は上向きである。図 7-1 では、勾配を一定の濃淡変化で表している。

先ほど述べたポテンシャルと保存力の関係に当てはめると、重力ポテンシャルが減る方向、すなわち鉛直方向の勾配 $-g$ によって、質量 m_1 の物体には保存力である重力 $-m_1 g$（下向き）が生じる。この重力の大きさと方向はどこでも一定であり、前提とした「一様な重力場」が確かめられる。つまり物体は、どの場所でも $-g$ という一定の重力加速度を受けるわけで、落下しながら常に一定の強さでアクセルを踏み続けて加速する状態にある。

ポテンシャルの勾配によって生じる保存力は、場の各点それぞれで働くので、「**近接作用**」と呼ばれる。ニュートンは重力が近接作用であるという仮説を退けたが、現代では近接作用が全く違った形で理論化されたのである。一方、遠く離れて接触をしていない物体に対して力が働くことを「**遠隔作用**」と言う。

なお、ポテンシャルと保存力があっても、場を考えない場合がある。例えばフックの法則（第 2 講）で、ばねの復元力は保存力だが、常にばねの先端で直接力が働くので、場を仮定する必要がないのである。

等速円運動の加速度

次に、回転について検討しよう。角度 θ をラジアンで表せば、動径が掃く円弧の長さは、動径の長さ r に角度 θ を掛けて $r\theta$ となることを第 3 講で説明した。時間変化あたりの角度 θ の変化は**角速度**と呼ばれ、ω（ギリシャ文字オメガ）という記号で表す。

等速円運動では、角速度 ω が一定である。このとき、1 回転に要する時間を**周期** T とすると、1 回転は 2π ラジアンだから、$\omega = 2\pi/T$ とな

る。角速度を2πで割った値が**回転速度**であり、一般には、rpm（revolutions per minuteの略）を単位とする1分あたりの**回転数**として用いられている。

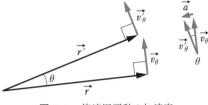

図7-2　等速円運動の加速度

物体の速度は、動径方向の成分v_rと、角度方向の成分v_θに分けられ、両者は常に直交する。v_θは、動径が掃く円弧の長さの、時間変化あたりの変化だから、動径の長さrに角速度ω（時間変化あたりの角度変化）を掛けることで求まる。すなわち、次式が成り立つ（図7-2）。

$$v_\theta = r\omega \quad \text{---} \quad ①$$

等速円運動では、半径が一定なので動径方向の速度成分v_rがゼロだから、運動の加速度aには、v_θの変化だけが関係する。

図7-2のように、動径ベクトルは$\vec{r}$から$\vec{r'}$に、速度ベクトルは$\vec{v}_\theta$から$\vec{v'}_\theta$に変化したとする。速度ベクトル$\vec{v}_\theta$は常に動径ベクトル$\vec{r}$と直交するため、$\vec{v}_\theta$の角度変化は動径ベクトルの角度変化θと等しい。加速度ベクトル$\vec{a}$の大きさを求めるには、①式で動径の長さrに角速度ωを掛けたように、今度はv_θに角速度ωを掛ければよい。

また、加速度ベクトル$\vec{a}$の方向は$\vec{v}_\theta$が変化する向きであり、回転の中心を向く。その方向は動径ベクトル$\vec{r}$と逆向きなので、aにはマイナス符号を付ける必要がある。

以上のことから等速円運動の加速度aは、次式で表される。

$$a = -v_\theta \omega = -(r\omega)\omega = -r\omega^2 \quad \text{---} \quad ②$$

途中のv_θで①式を使った。aのように中心に向かう加速度は、**向心加速度**と呼ばれる。

第7講　遠心力とは——慣性力の再検討

遠心力の式

一定の角速度 ω で回転する座標系（**回転系**）は、②式の向心加速度 a で運動する。その回転系から見ると、（回転系と一緒に回転せずに）静止している物体は、回転方向の相対速度に加えて、加速度 $-a$ で動くように（中心から遠ざかるように）見える。このように回転系で働く慣性力が、遠心力である。

質量 m の物体に働く遠心力は、②式により次のようになる。

$$m(-a) = mr\omega^2 = mr\left(\frac{v_\theta}{r}\right)^2 = \frac{mrv_\theta^2}{r^2} = \frac{mv_\theta^2}{r} \quad\text{――}\quad ③$$

途中の ω で①式を使った。遠心力の向きは、動径方向、すなわち回転の中心から遠ざかる方向である。③式はこれからの説明の基礎となる「遠心力の式」なので、よく覚えておきたい。

遠心力による位置エネルギー

遠心力のイメージが湧きやすいように、「棒とリングのモデル」を考えよう（図7-3）。十分長い丸棒に質量 m のリングを通し、丸棒の真ん中を紐でつるす。この紐をよくねじってから、紐を回転軸として棒を一定の角速度 ω で回す。

リングが受ける重力と、棒からの垂直抗力がつり合うため、これらの力はリングの運動に関係しない。また、棒とリング間の摩擦は考えないことにする。実際にリングがどのように運動するか観察してみよう（☆）。

回転軸からリングまでの距離（動径）を r として、動径方向のリングの速さを $v(r)$ とする。$r=0$ のときの初速度（ある決まった値）を、$v_0 \equiv v(0)$ としよう。$v_0 = 0$ ではリングが棒の中心に止まったままなので、$v_0 > 0$ と仮定する。

棒と同じ角速度 ω の回転系で考えよう。この回転系からは棒が止まって見え、リングはその棒の上を直線運動する。$r=0$ では力が働かないが、リングが回転軸から少しでも離れると r に比例した遠心力（③

図 7-3 棒とリングのモデル

式より $mr\omega^2$）が働いて、棒上を加速していく。

　動径がゼロから r まで変化する間、リングに働く遠心力の平均値は、$\frac{1}{2}mr\omega^2$ である。この間に遠心力がする仕事は、$\frac{1}{2}mr\omega^2 \times r = \frac{1}{2}mr^2\omega^2$ となる。また $v \equiv v(r)$ として、この間に生じるリングの運動エネルギー変化は、$\frac{1}{2}mv^2 - \frac{1}{2}mv_0^2$ である。遠心力がする仕事は運動エネルギー変化に等しいから、第6講⑧式より、$W = \frac{1}{2}mv^2 - \frac{1}{2}mv_0^2 = \frac{1}{2}mr^2\omega^2$ が成り立つ。次式のように、左辺に r に関係する項ををまとめてみる。

$$\frac{1}{2}mv^2 - \frac{1}{2}mr^2\omega^2 = \frac{1}{2}mv_0^2 \quad \text{——} \quad ④$$

第7講　遠心力とは——慣性力の再検討

④式は、力学的エネルギーの保存則 $K + U = C$ (C は定数) と見立てることができる。つまり、④式の左辺第 2 項 $-\frac{1}{2}mr^2\omega^2$ は、遠心力による「位置エネルギー」であると考えられる。

遠心力と対数らせん

「棒とリングのモデル」は回転系で考えたが、リングの運動を非回転系(紐を固定した天井に対する静止系)から見たら、対数らせんを描くということを式で確かめてみよう。

対数らせんは、角度 θ が動径 r の対数に比例するような曲線であり(第 4 講)、次式で表される(α は比例係数)。

$\theta = \alpha \log r$

この式を基にして、非回転系で見た時間変化 Δt あたりの角度変化 $\Delta \theta$ から、リングの角速度 ω を式で表してみよう。その間、動径 r に微小変位 Δr が生じたとすると、動径方向のリングの速さ v は、$v = \frac{\Delta r}{\Delta t}$ である。

$$\omega = \frac{\Delta \theta}{\Delta t} = \frac{1}{\Delta t}\{\alpha \log(r + \Delta r) - \alpha \log r\} = \frac{\alpha}{\Delta t} \log \frac{r + \Delta r}{r}$$
$$= \frac{\alpha}{r}\frac{\Delta r}{\Delta t}\frac{r}{\Delta r} \log \frac{r + \Delta r}{r} = \frac{\alpha}{r} v \frac{r}{\Delta r} \log\left(1 + \frac{\Delta r}{r}\right)$$
$$= \frac{\alpha}{r} v \log \left(1 + \frac{\Delta r}{r}\right)^{\frac{r}{\Delta r}}$$

ここで $x \equiv \frac{\Delta r}{r}$ と置こう。$x \to 0$ の極限で、$(1+x)^{\frac{1}{x}} \to e$ (ネイピア数、2.71828…) と収束することをオイラーが発見した(第 1 講)。上の式の対数を**自然対数**(e を底とする対数)とするならば、次式のようになる。

$$\omega = \frac{\alpha}{r} v \log (1+x)^{\frac{1}{x}} \to \frac{\alpha}{r} v \log e = \frac{\alpha}{r} v$$

α は自由に決められるから $\alpha = 1$ として、$\omega = \frac{v}{r}$ を得る。この角速

度 ω を④式に代入すると、④式の左辺はゼロとなる。もし、リングの速さ v や $r\omega$ が初速度 v_0 よりも十分大きければ、④式の右辺はゼロと見なしてよい。つまり、この条件が満たされる限り、リングは対数らせん状の軌跡を描くことが確かめられた。遠心力による運動は、数学的な必然として「対数らせん」を生みだすのである。

遠心力ポテンシャル

遠心力は、動径 r で決まる「保存力」である。④式で得られた推論に基づいて、**遠心力ポテンシャル** $U(r)$ を次式で定義しよう。ポテンシャルの基準として、$U(0) = 0$ とする。

$$U(r) \equiv -\frac{1}{2}r^2\omega^2 \quad \text{---} \quad ⑤$$

遠心力ポテンシャルは、図 7-4 のように下向きの放物線を描く。つまり、回転軸から離れるほど、遠心力ポテンシャルが減る。グラフからわかるように、ポテンシャルが減る方向の勾配(接線の傾き)によって、遠心力が生じる。

空間変位 Δr に対する、遠心力ポテンシャルの差 ΔU は、次式のようになる。

$$\Delta U = U(r + \Delta r) - U(r)$$
$$= -\frac{1}{2}(r + \Delta r)^2\omega^2$$
$$- \left(-\frac{1}{2}r^2\omega^2\right)$$

この ΔU が減る方向の勾配から、質量あたりの遠心力

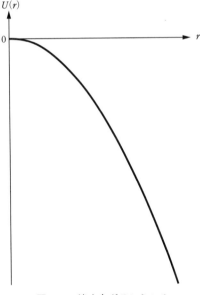

図 7-4 遠心力ポテンシャル

$f(r)$ が次式のように得られる。式の最初のマイナス符号は、ΔU が減る方向を表す。

$$f(r) = -\frac{\Delta U}{\Delta r} = -\frac{1}{\Delta r}\left\{-\frac{1}{2}(r+\Delta r)^2\omega^2 - \left(-\frac{1}{2}r^2\omega^2\right)\right\}$$

$$= \frac{\omega^2}{2\Delta r}\left\{(r+\Delta r)^2 - r^2\right\}$$

$$= \frac{\omega^2}{2\Delta r}\left\{(r^2 + 2r\Delta r + \Delta r^2) - r^2\right\} \to \frac{\omega^2}{2\Delta r}2r\Delta r = r\omega^2$$

$\Delta r \to 0$ の極限で、$\frac{\omega^2}{2\Delta r}\Delta r^2 = \frac{\omega^2}{2}\Delta r$ がゼロとなることを用いた。得られた $f(r)$ に物体の質量 m を掛けて、③式の遠心力が確かめられる。$f(r) > 0$ なので、遠心力は確かに斥力である。

以下にも示すように、遠心力は応用が広く、「見かけの力」を超えた格別の働きがあるのだ。

回転するバケツ内の水

回転するバケツ内では水面が凹むわけだが、回転軸を含む断面では、どんな曲線になるだろうか。**最速降下線**（一様な重力場の2点を最短時間で結ぶ曲線、サイクロイド）か、それとも**懸垂線**（ネックレスの両端を持ったときにできる曲線、カテナリー）だろうか。

バケツと同じ角速度 ω の回転系で考えよう。水と壁の相対運動が最終的にゼロになったとき、水とバケツが完全に一体化して運動する。このとき回転系では水が静止するから、水のどの部分の運動エネルギーもすべてゼロとなる。この状態で、動径 r（回転軸からの距離）の位置にある水の部分が高さ h だけせり上がっており、回転軸から離れるほど重力ポテンシャル gh が大きくなっている。

一方、遠心力ポテンシャルは、⑤式のように回転軸から離れるほど小さくなる。もし遠心力ポテンシャルと重力ポテンシャルの和が、水のすべての部分でゼロとなっていれば、両者の均衡が保たれて水の移動が起こらなくなると予想される。言い換えると、バケツの水面が凹むのは、回転軸から離れるほど遠心力ポテンシャルが減るため、逆に重力ポテン

シャルが増えないとエネルギーのつり合いがとれず、水面が上がることになる。

そこで⑤式より、$gh - \frac{1}{2}r^2\omega^2 = 0$ と考えられる。この式から、動径 r の位置にある水の部分の高さ h が求められる。

$$h = \frac{\omega^2}{2g}r^2 \quad —— \quad ⑥$$

この式は、水面の高さ h が動径 r の2乗に比例するという「放物線」を表す。つまり水面の形は、回転軸の周りに放物線を回転させてできる**放物面**（paraboloid）となる。⑥式が示すように、この面の形は角速度 ω と重力加速度 g だけで決まり、液体の種類や質量によらない。しかも、水の粘性係数や、難しい流体の方程式などを使うことなく求められることが素晴らしい。

⑥式から、水面の高さ h は重力加速度 g に逆比例する。例えば重力が地上よりも6分の1ほどの月面では、バケツを回したときの水面の凹み具合が、地上より6倍も大きくなるのだ。

ニュートン力学は相対論と矛盾する

ここで重力加速度について見直してみよう。「物体の落下の時間が重量によらない」というガリレオ以来の「落下の法則」は、「どの物体も同じように加速される」という意味である。さらに言い換えると、「重力加速度 g は、物体によらず一定である」という意味である。この法則に対するニュートン力学の説明は、次式で表せる。なお、地球の自転による遠心力が最も強い、赤道付近で考えよう。

$$-mg = -G\frac{mM}{R^2} + mR\omega^2 \quad —— \quad ⑦$$

ここで G は万有引力定数（第4講）、m は物体の質量、M は地球の質量（5.97×10^{24} kg）、R は地球の半径（$6{,}378$ km）、ω は地球の自転の角速度である。動径方向を正の向きと定義したことを思い出そう。ニュートン力学では、m と M は**重力質量**（gravitational mass）であ

り、慣性質量（第4講）と区別される。⑦式の右辺第1項は、地球からの万有引力（第4講⑧式）を表し、第2項は地球の自転による遠心力（③式）を表す。

したがって重力加速度 g は、次式のように物体の質量 m によらずに決まることがわかる。

$$g = \frac{GM}{R^2} - R\omega^2 \quad\text{―}\quad ⑧$$

ここで、地球の質量 M が火山の大噴火や隕石の落下などで変わったとしよう。その変化は、⑧式による g の変化として、直ちに至る所で観測されるだろう。そうすると、M の変化という情報が瞬時に伝わってしまうことになる。この「情報」を、電波や何らかの物体の移動として伝えるなら、特殊相対性理論で説明したように（第5講）、光速を超えることはできないはずである。したがって、上で述べたニュートン力学の説明は、相対論と矛盾することになる。

つまり、⑧式のような式で重力を扱う限りは、瞬間的な遠隔作用を仮定しなくてはならないのだ。一方、相対論では重力を場の「近接作用」と考えて、質量 M の変化は「重力波」として光速で伝わるから、矛盾は生じない。

ダランベールの原理

古典力学と相対論の間で、少し寄り道をしておこう。フランスの数学者、ダランベール（Jean d'Alembert, 1717-1783）は、1758年に次のようなアイディアを発表した。

$$\text{推進力} - [\text{質量} \times \text{加速度}] = 0 \quad\text{―}\quad ⑨$$

この式は、数学的には運動の法則（第4講②式）と同じで、移項して左辺にまとめただけのことである。しかし、⑨式を新たな式として物理的に見立ててみよう。

⑨式の第2項は、「慣性力」であり、符号がマイナスだから推進力に

抗する「慣性の強さ」を表すところまでは、本講の説明と同じだ。ただし、この第2項を実際の力と考え、⑨式をつり合いの式と見なすのが、ダランベールのユニークな発想だった。

そうすると、加速度運動を含めた一般の「動力学」は、力のつり合いを議論する「静力学」に帰着できる。つまり少し視点を変えただけで、動力学と静力学は統合できるというわけだ。この考えのことを「**ダランベールの原理**」と言う。

このダランベールの原理に基づいて統合された力学は、新たな**解析力学**として18世紀から19世紀にかけて発展した。それと同時に、ニュートン力学の「力」は、解析力学の「エネルギー」へと主役の座を譲ることとなり、解析力学はさらに20世紀の相対論と量子力学の基礎として継承された。第6講で述べたエネルギーと、第7講で扱った慣性力や場、そしてポテンシャルは、そうした物理学の大きな流れに位置づけられる、とても重要な考え方なのである。

アインシュタインの等価原理

重力場に対する研究の過程でアインシュタインが提案したのは、次のような命題である。

> 「一様な加速度運動による慣性力の場」と「空間的に一様な重力場」は等価である。

この命題は、相対論で指導的な役割を果たすため、「**等価原理**」と呼ばれる。「一様な加速度運動」とは、空間的に一定の加速度を持つ運動である。「一様な重力場」は、上で説明したように、どこでも一定の重力が働く空間のことであり、重力ポテンシャルでは「勾配の大きさ」が一定値を取る。

ここで「**慣性力の場**」という新たな考え方が導入されている。一様な加速度 a を持つ座標系（加速系）で生じる慣性力が場を作り、それが

図 7-5 フォン・ブラウンによる宇宙ステーション構想［Chesley Bonestell による］

「一様な重力場」と等価だというのである。この慣性力は、質量を m として $-ma$ であり、それと等価な重力は $-ma$ となる。つまり、重力加速度 $-g$ を加速度 $-a$ と同一視することになり、加速度 $-a$ の向きが重力の方向、すなわち新たな「鉛直方向」となるのだ。

今や、宇宙に関するニュースは日常的になった。宇宙で無重力が実現されるため、さまざまな実験ができる一方で、宇宙に長い間滞在するには、重力があった方がよい場合もある。例えば、宇宙飛行士の筋力は、無重力状態で相当衰えることが知られている。

1952 年という宇宙開発の草創期には、既に図 7-5 のような「宇宙ステーション」が構想されていた。宇宙ステーション全体を一定の速度で回転させることにより、遠心力によって外向きの「**人工重力**」が発生する。この人工重力の原理は、重力と等価な遠心力なのである。

遠心力ポテンシャルが分布する空間のことを、「**遠心力の場**」と呼ぼう。遠心力の場は、「慣性力の場」の一例である。遠心力は回転系で導入され、常に動径方向を向いていたことを思い出そう。したがって回転系の円周方向（角度方向）に限定すれば、「遠心力の場」は空間的に一様と見なせる。本講では、回転するバケツ内の水について、遠心力ポテンシャルと重力ポテンシャルが均衡を保つことを説明した。遠心力という慣性力の場は、特定の動径に限れば重力場と等価になる。

第 4 講では、ケプラーの第 3 法則の対数グラフから、惑星が「対数らせん」に従って分布するという着想を説明した。その分布は、太陽系

の生成と関係がある。また、本講の「棒とリングのモデル」により、遠心力によって対数らせんが描かれることを確かめた。さらに等価原理によって、遠心力の場は局所的に重力場と同一視される。以上の連鎖を考えてみると、これらの問題はすべて「重力場」に帰着するということが、深いレベルで理解できよう。基本法則は単純だが、自然現象は多様性に富んでいるのだ。

第8講 | 重力場とは──地球から宇宙へ

　第8講は、アインシュタインによる「等価原理」(第7講)の発見が、どのように新たな**宇宙論**(宇宙についての理論物理学や天文学)を生み出したのかを、重力場をテーマにたどってみる。

　慣性の法則と加速度運動は、ニュートン力学の出発点だったが、第5講で説明したように、あらゆる運動の基礎となる慣性系同士の変換が特殊相対性理論によって修正されたので、加速度運動に関する法則も見直す必要が出てきた。

　特殊相対性理論は、速度一定の慣性系を対象にしており、加速度運動の本格的な定式化は、一般相対性理論まで先送りされた。一般相対性理論は、等価原理に加えて次の**一般相対性原理**を基礎としている。

　　「4次元時空の一般座標系はすべて同等であり、あらゆる物理法則は座標系間の変換に対して不変である。」

弱い重力場での時計の遅れ

　弱い重力場であれば、特殊相対性理論でも定式化できるということを、アインシュタインは早い段階で示していた【A. Einstein, "Über das Relativitätsprinzip und die aus demselben gezogenen Folgerungen", *Jahrbuch der Radioaktivität und Elektronik* 4, pp.454-459 (1907)】。この論文に従って、弱い一様な重力場で、時間がどのように進むか調べてみよう(ただし説明は簡略にしてある)。

　基本的な考え方は、加速を始めた直後の加速系 $K(x,t)$ に対して、加速して少し時間が経ったときの速度を持つ別の慣性系 $K'(x',t')$ を比べるということである。そこに、アインシュタインの柔軟な思考が見てと

れる。

　加速系 K が、$t = 0$ に一定の加速度 a で x 方向に加速を始めたとする。$t = t_1$ で $v = at_1$ の速度に達したとき、その座標系を慣性系 K' と見なすならば、K' は K に対して相対速度 v を持つ。なお、加速度 a は十分小さく、v も光速 c と比べて十分小さいと仮定する。

　K' で同時となる 2 点、すなわち時間変位 $\Delta t'$ がゼロとなる 2 点を、時計の進み方の基準として考える。この 2 点に対応する K での時間変位 Δt を求めよう。特殊相対性理論によれば、Δt は空間変位 Δx によってゼロ以外の値を取る。

　「変位のローレンツ変換」(第 5 講⑫式) に $\Delta t' = 0$ を代入して $\Delta t' = \dfrac{\Delta t - \dfrac{v}{c^2}\Delta x}{\sqrt{1 - \dfrac{v^2}{c^2}}} = 0$ より、次式が成り立つ。

$$\Delta t = \frac{v}{c^2}\Delta x \quad\text{---}\quad ①$$

　K では $\Delta t = t_2 - t_1 > 0$ であり、$x = 0$ で $t = t_1$、$x = h$ $(h > 0)$ で $t = t_2$ とする。$\Delta t = t_2 - t_1$ と $\Delta x = h - 0$ を①式に代入すると、$t_2 - t_1 = \dfrac{at_1}{c^2}(h - 0)$ となる。$t_2 = t_1 + \dfrac{at_1}{c^2}h$ だから、次式を得る。

$$t_2 = t_1\left(1 + \frac{ah}{c^2}\right) \quad\text{---}\quad ②$$

　第 7 講で説明したように、等価原理より「重力加速度 $-g$ を加速度 $-a$ と同一視すること」になり、加速系 K は、x 軸の方向に重力ポテンシャルが働くような「慣性系」と見なせる。距離 h だけ離れた場所の重力ポテンシャルの差を Φ (ギリシャ文字ファイ) とすると、$\Phi = gh = ah$ となる (第 7 講)。

　②式に $\Phi = ah$ を代入して、次式を得る。

$$t_2 = t_1\left(1 + \frac{\Phi}{c^2}\right) > t_1 \quad\text{---}\quad ③$$

重力ポテンシャルの差 $\Phi > 0$ がある $x = h$ で t_2 を計ると、③式から、$x = 0$ で計った t_1 より必ず長くなって時間が伸びる。逆に、$x = 0$ で t_1 を計ると、t_2 より必ず短くなる。$x = 0$ は $x = h$ よりも「重力」（慣性力と等価な重力を括弧付きで示す）の下流側にあり、$x = 0$ の近くに「重力源」が想定できる。そこで一般に、「重力源に近いほど時計が遅れる（時計がゆっくり進む）」という驚くべき結論が得られる。

なお、t_1 と t_2 どちらの時間も、同じ慣性系 K で計られることに注意したい。それでも t_1 と t_2 は、K' では同時となる2点に対応する。$t_1 < t_2$ という「時計の遅れ」は、慣性系間の運動に伴って相対論的に起こるものではなく、加速度運動または重力場に伴って必ず起こる現象なのだ。

上の説明で、加速度 a が負（x 軸の逆方向）の場合は、②式より $t_2 < t_1$ となるが、重力ポテンシャル $\Phi = ah$ も負になって向きが変わるので、「重力源に近いほど時計が遅れる」という結論は変わらない。なお、加速度 a は十分小さいと仮定されているため、③式は弱い重力場で成り立つ近似式である。

③式が示す変化の大きさは、Φ を c^2 で割っているため非常に小さいが、宇宙スケールになれば大きな効果が現れる。加速度 a が地球の重力加速度 g と同じとき、距離 h が1光年（光が1年に進む距離）となる場所では、時間 t を1年として $\frac{ah}{c^2} = \frac{gh}{c^2} = \frac{gct}{c^2} = \frac{gt}{c} \approx 1$（$\approx$ は近似の記号）となり、時計の進み方が半分になる。

万有引力ポテンシャル

天体からの万有引力による強い重力場の近くでは、重力源に近いほど重力が強く、離れるほど弱いという、**非一様な重力場**が生じる。一様な重力場では、重力源に近いほど重力ポテンシャルが小さいこと（図7-1）を思い出そう。非一様な重力場も同様で、重力源に近いほどポテンシャルが小さく、逆に無限遠（$r \to \infty$）で最大となる。

万有引力ポテンシャルは、地球の中心からの距離 r の場所で $\phi(r) =$

$-G\dfrac{M}{r}$ と表される。ただし、r は地球の半径 R より大きい ($r > R$) とする。ここで、G は万有引力定数、M は地球の質量である。また、無限遠をポテンシャルの基準として、$\phi(\infty) = 0$ とした。

空間変位 Δr に対する万有引力ポテンシャルの差 $\Delta\phi$ は、次式のようになる。

$$\Delta\phi = \phi(r + \Delta r) - \phi(r) = -G\frac{M}{r + \Delta r} - \left(-G\frac{M}{r}\right)$$
$$= G\frac{M}{r} - G\frac{M}{r + \Delta r}$$

この $\Delta\phi$ が減る方向の勾配から、質量あたりの万有引力 $f(r)$ が次式のように得られる。式の最初のマイナス符号は、$\Delta\phi$ が減る方向を表す。

$$f(r) = -\frac{\Delta\phi}{\Delta r} = -\frac{1}{\Delta r}\left(G\frac{M}{r} - G\frac{M}{r + \Delta r}\right)$$
$$= -G\frac{M}{\Delta r}\left\{\frac{r + \Delta r}{r(r + \Delta r)} - \frac{r}{r(r + \Delta r)}\right\}$$
$$= -G\frac{M}{\Delta r}\frac{\Delta r}{r(r + \Delta r)} = -G\frac{M}{r^2(1 + \Delta r/r)} \to -G\frac{M}{r^2}$$

$\Delta r \to 0$ の極限で、$|\Delta r/r| \ll 1$ がゼロとなることを用いた。得られた $f(r)$ に物体の質量 m を掛けて、第4講⑧式の万有引力が確かめられる。$f(r) < 0$ なので、万有引力は確かに「引力」である。

双子のパラドックス

相対論には、「**双子のパラドックス**」と呼ばれる有名なパラドックスがある。双子の兄弟の1人が遠くの天体まで宇宙旅行をして帰って来たら、地球に残ったもう1人の方が大分歳を取っているというものである。旅行をしただけで若返るのは奇妙だから「パラドックス」と言われるのだが、実際に相対論の効果として起こりうる。この効果の実証が計画されたことは過去にあるそうだが、まだ実現していない。惑星探査機に精密時計を搭載すれば、時計の遅れが計れるかもしれない。なお、

図 8-1　双子のパラドックス

宇宙船が地球に戻って静止してから宇宙船と地球の時計を比べるので、第 5 講で説明したような相対論的な「時間の伸び」は関係しない。

経過時間に一番影響を与えるのが、折返し時に受ける慣性力である（図 8-1）。宇宙船が折返し地点に向けて減速し、さらに折返し地点で地球に向けて加速に転じる運動は、地球に向かう方向に加速度が働くことで生ずる（図 8-2）。その加速度が一定値 a（図の右向きを正とする）だったとしよう。このときの慣性力は、加速度と逆向き、つまり地球と反対側に働く。

等価原理より、「一様な加速度運動による慣性力の場」は「一様な重力場」と等価だから、折返し時には地球と反対側に働く「重力場」（慣性力と等価な重力を括弧付きで示す）が生じる。前に説明したように、宇宙船と地球の距離 h に比例して、重力ポテンシャルの差 $\Phi = ah$ が生じる。

第 8 講　重力場とは——地球から宇宙へ

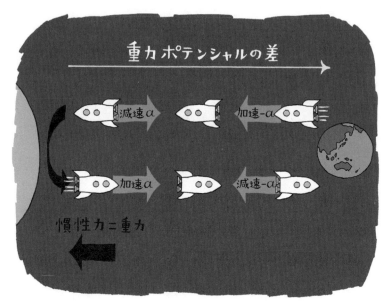

図 8-2　双子のパラドックスの説明(「重力源」を左端の円弧で描いた)

「重力源に近いほど時計が遅れる(時計がゆっくり進む)」という効果により、宇宙船の折返し時に「重力源」の近くにあった時計は、地球の時計より遅れる。そのとき宇宙船にいた宇宙飛行士の生物学的な変化などを含め、すべてのプロセスが遅くなるから、宇宙飛行士は地球に残った兄弟よりも歳を取らないことになる。

ここで、宇宙旅行の出発と帰還時の加速度が $-a$(図の左向き)だとしよう。その加速度の向きは折返し時と逆だから、この慣性力と等価な「重力」のポテンシャルも逆向きとなり、今度は地球の時計の方が宇宙船より遅れる。しかし、出発と帰還時は宇宙船と地球の距離 h が近いため、この重力ポテンシャルの差の効果は、折返し時よりもはるかに小さい。

また、地球による万有引力ポテンシャルの効果によっても、地球の時計の方が宇宙船より遅れる。しかし、地球による万有引力の効果は、折

返し時の加速度の効果よりもはるかに小さい。この点を確かめてみよう。

万有引力ポテンシャルの差 Φ' は、地表から距離 h だけ離れた場所（地球の中心からの距離は $R+h$）と、地表（地球の中心からの距離は R）の間で次式のようになる。

$$\begin{aligned}\Phi' &= \phi(R+h) - \phi(R) = -G\frac{M}{R+h} - \left(-G\frac{M}{R}\right) \\ &= G\frac{M}{R} - G\frac{M}{R+h} = G\frac{M}{R}\left(1 - \frac{R}{R+h}\right) < G\frac{M}{R} \\ &= gR + R^2\omega^2\end{aligned}$$

この式の不等号は、$\frac{R}{R+h}$ が 1 より小さいため成り立つ。最後の等式では、地球の自転の角速度を ω として、赤道付近での重力加速度が $g = G\frac{M}{R^2} - R\omega^2$ であること（第7講⑧式）を用いた。

結論として、宇宙船の折返し時の加速度によるポテンシャルの差 $\Phi = ah$ と比べれば、$a > g$, $h \gg R$ である限り $ah \gg gR$ だから、Φ' は Φ よりも極めて小さいことがわかった。

「双子のパラドックス」は、『浦島太郎』の昔話に似ているので、日本では「浦島効果」とも呼ばれる。おとぎ話にも科学的な真実があるのだ。しかし子どもたちには、浦島効果の本当の理由が教えられることはなかった。これからは、亀が持つ十分な加速力（$a > g$）と、竜宮城が非常に遠くにあること（$h \gg R$）の相乗効果で浦島効果が生じたのだと、正しく伝えたい。

運動方向に垂直な光の伝播

これまでは、x 方向に運動の変化が起こる場合だけを考えてきたが、運動方向に垂直な y 軸の方向に対する光線の伝播を調べるため、慣性系 $K(x, y, t)$ と $K'(x', y', t')$ は、y 軸と y' 軸を含めた表記にしておく。

雨が真っ直ぐ下に降っているとき、動いている電車の中から見ると、

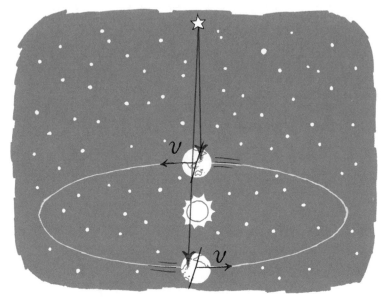

図 8-3 地球の公転による光行差

車窓の雨跡は斜め後ろ方向になる。星の光が真上から届くときも、同様に光の軌跡は、地球の進む方向と逆の斜め後ろ方向に見えると予想される。

　実際、恒星から地球に届く光は斜め方向に観測され、**光行差**と呼ばれる。これは、地球の公転による現象で、地動説の最も直接的な証拠である。半年経って同じ星の光を見ると、光の方向が地軸に対して逆に傾いて観測される（図8-3）。光行差の最初の発見は、ブラッドリー（James Bradley, 1693-1762）によって、りゅう座のガンマ星で1728年になされた。

　さて、直角3角形の斜辺の長さは、他の2辺の長さよりも必ず長い。真上から届く光の速度に観測者の速度を足すと（両者は直交する）、斜めに進む光の速さは光速を超えるのではないだろうか？　以下に、そうならないことを説明しよう。

図 8-4　光行差の実験

慣性系 K に対して x 方向に相対速度 $-v$ で運動する慣性系 K' を考える（相対速度はここのみ例外的に $-v$ とする）。この K' 上で、この運動方向に垂直な y' 軸の方向へ向けて、原点からフラッシュ光（パルス光）を発する。フラッシュ光の伝播は、K' 上で $x' = 0, y' = ct'$ と表される。光源（慣性系 K'）に対して速度 v で運動するロケット（慣性系 K）で、この光の伝播を観察しよう（図 8-4）。

ローレンツ変換（第 5 講⑪式）において（ただし v を $-v$ とする）、$x' = 0$ より $x = -vt$ が成り立つから、x 軸の方向へ向かう光の成分は、常に $-vt$ である。$y' = ct'$ に、ローレンツ変換の $y' = y$ と t' の式（ただし v を $-v$ とする）を代入して、次式を得る。

$$y = c\frac{t + \frac{v}{c^2}x}{\sqrt{1 - \frac{v^2}{c^2}}} = c\frac{t + \frac{v}{c^2}(-vt)}{\sqrt{1 - \frac{v^2}{c^2}}}$$

$$= ct\frac{1 - \frac{v^2}{c^2}}{\sqrt{1 - \frac{v^2}{c^2}}} = ct\sqrt{1 - \frac{v^2}{c^2}} \quad\text{---}\quad ④$$

ここで $\sqrt{1 - \frac{v^2}{c^2}} < 1$ だから、y 軸の方向へ向かう光の成分 y は、ct よりも短いことがわかる。さらに v が c に近づくと、$y \approx 0$ となるから、慣性系 K での光の軌跡は x 軸の近くまで傾くことになる。光の軌跡は、y 軸方向への光の伝播と、$x = -vt$ を合わせたものだから、x と y で直角を挟んだ 3 角形の斜辺に対応する。④式から、光の移動距離は次式のようになる。

$$\sqrt{x^2 + y^2} = \sqrt{v^2t^2 + c^2t^2\left(1 - \frac{v^2}{c^2}\right)} = \sqrt{v^2t^2 + c^2t^2 - v^2t^2}$$

$$= \sqrt{c^2t^2} = ct \quad\text{---}\quad ⑤$$

つまり、斜めに進む光はやはり光速で伝わり、一定の時間内の伝播による距離は、水平のときと変わらない。光の伝播方向に対して直交する

移動があっても、必ず光速不変が保たれることがわかった。

テンソルの導入

本書も半ばを過ぎたところで、物理量について数学的な分類をしておこう。質量や重力ポテンシャルのように、単独で1つの値をとる量のことを**スカラー**と呼ぶ。また、既に何度か出てきたベクトルは、(x, y) や (x, y, z) のように、いくつかの成分が組になって、位置や速度といった1つの量を表す。そうした「成分の数」のことを**次元**と呼ぶ。例えば (x, y) は2次元であり、スカラーは1次元だ。

添字を使えば、ベクトル (x, y) を (x_1, x_2) や x_i ($i = 1, 2$ で成分を表す)のように1つの添字 (i) で表せる。そうした「添字の数」のことを**階数**(order)と呼ぶ。添字と成分が組になって、全体で1つの量を表したものを**テンソル**と呼ぶ。ベクトルは添字が1つなので階数が1のテンソルであり、スカラーは添字がないので階数が0のテンソルだ。

ここで、あるベクトル (x_1, x_2) を別のベクトル (x'_1, x'_2) に変えるような変換を考えよう。ベクトルの各成分は、座標を表す変数とする。

$$\begin{cases} x'_1 = a_{11}x_1 + a_{12}x_2 \\ x'_2 = a_{21}x_1 + a_{22}x_2 \end{cases} \quad —— \quad ⑥$$

a_{11} などはベクトルの各成分 x_1, x_2 に対する係数であり、変換を決める値を持った定数である。変換を表す右辺には、定数項(変数を含まない項)が現れないとする。定数項のない1次式による変換を、**1次変換**と呼ぶ。

例えば、$(x_1, x_2) \equiv (x, t)$, $(x'_1, x'_2) \equiv (x', t')$ と置けば、ローレンツ変換(第5講)は次式のように⑥式の形で表されるので、1次変換である。

$$x' = \frac{x - vt}{\sqrt{1 - \frac{v^2}{c^2}}}, \quad t' = \frac{t - \frac{v}{c^2}x}{\sqrt{1 - \frac{v^2}{c^2}}} = \frac{-\frac{v}{c^2}x + t}{\sqrt{1 - \frac{v^2}{c^2}}} \quad \text{―} \quad ⑦$$

⑥式の係数だけを取り出して、2 行 2 列の「**行列**（matrix）」の形に並べてみよう。

$$\boldsymbol{A} \equiv \begin{pmatrix} a_{11} & a_{12} \\ a_{21} & a_{22} \end{pmatrix} \quad \text{―} \quad ⑧$$

⑧式は各成分 a_{ij} が 2 つの添字（$i = 1, 2; j = 1, 2$）を持ち、それぞれの添字に成分が 2 つずつあるから、2 次元で 2 階のテンソルである。2 つの添字のうち、1 つ目を「行（横並び）」の番号、2 つ目を「列（縦並び）」の番号とする。

ベクトルの成分を縦の 1 列に並べる記法を使うと、⑥式に示した 2 次元のベクトルの変換は、次のように表せる。

$$\begin{pmatrix} x'_1 \\ x'_2 \end{pmatrix} = \begin{pmatrix} a_{11}x_1 + a_{12}x_2 \\ a_{21}x_1 + a_{22}x_2 \end{pmatrix} = \boldsymbol{A} \begin{pmatrix} x_1 \\ x_2 \end{pmatrix}$$

そこで、⑧式のテンソルとベクトルの「積」を次式のように定義すればよい。

$$\begin{pmatrix} a_{11} & a_{12} \\ a_{21} & a_{22} \end{pmatrix} \begin{pmatrix} x_1 \\ x_2 \end{pmatrix} \equiv \begin{pmatrix} a_{11}x_1 + a_{12}x_2 \\ a_{21}x_1 + a_{22}x_2 \end{pmatrix} \quad \text{―} \quad ⑨$$

⑥式と⑨式を見直してみると、各成分 a_{ij} はベクトル成分 x_j を成分 x'_i に導く量である（同じ添字の対応に注意しよう）。したがって、テンソル $\boldsymbol{A}$ は全体として、あるベクトルから別のベクトルを導く。

ローレンツ変換の式（第 5 講⑪式）を⑨式の記法で表すと、次のようになる。

$$\begin{pmatrix} x' \\ t' \end{pmatrix} = \frac{1}{\sqrt{1 - \frac{v^2}{c^2}}} \begin{pmatrix} 1 & -v \\ -\frac{v}{c^2} & 1 \end{pmatrix} \begin{pmatrix} x \\ t \end{pmatrix} \quad\text{---}\quad ⑩$$

ベクトルやテンソルの前に置いた定数は、すべての成分に掛けることにする。こうした例のように、テンソルを使うことで演算記号を少なくし、複数の式を1つの式で表せるという利点がある。また、$1/\sqrt{1 - \frac{v^2}{c^2}}$ のような共通した係数をまとめたり、テンソル同士の演算を行ったりして、計算を楽にすることにもつながる。テンソルは、相対論や量子力学でも、とても重要な役割を果たしてきた。

2行2列（2×2 と表す）の行列を使った最も簡単な例は、次式である。

$$\begin{pmatrix} x_1' \\ x_2' \end{pmatrix} = \begin{pmatrix} 1 & 0 \\ 0 & 1 \end{pmatrix} \begin{pmatrix} x_1 \\ x_2 \end{pmatrix} = \begin{pmatrix} x_1 \\ x_2 \end{pmatrix}$$

各成分の1と0を⑨式に代入して、確かめてみよう。このようにベクトルが変化しない行列を、**単位行列**という。単位行列を掛けることは、スカラーで言うと係数1を掛けるのと同じだ。

また次式のように、単位行列に定数を掛けることで、スカラー k を行列でも表せる。

$$\begin{pmatrix} x_1' \\ x_2' \end{pmatrix} = k \begin{pmatrix} 1 & 0 \\ 0 & 1 \end{pmatrix} \begin{pmatrix} x_1 \\ x_2 \end{pmatrix} = \begin{pmatrix} k & 0 \\ 0 & k \end{pmatrix} \begin{pmatrix} x_1 \\ x_2 \end{pmatrix} = \begin{pmatrix} kx_1 \\ kx_2 \end{pmatrix}$$

より、$\begin{pmatrix} x_1' \\ x_2' \end{pmatrix} = k \begin{pmatrix} x_1 \\ x_2 \end{pmatrix}$

物理学で使われるテンソルの例を1つ挙げよう。変形しない物体（剛体と呼ぶ）について、角速度ベクトル（その成分は各座標軸の周りの角速度）から角運動量ベクトル（その成分は各座標軸の周りの角運動量）

第8講　重力場とは——地球から宇宙へ

を導く量が**慣性テンソル**であり、物体の「回しにくさ」を表す。慣性テンソルは、3次元のベクトル同士を関係付ける量なので、3×3の行列となる。

例えば飛行機では、左右の軸に対する回転（ピッチ）、前後の軸に対する回転（ロール）、上下の軸に対する回転（ヨー）のそれぞれで、同じトルクを加えても回しにくさが異なる（第3講）。そのため、スカラーではなくテンソルを使うことが必要となるのだ。

さて、出発点の⑥式に戻って $x'_i = a_{i1}x_1 + a_{i2}x_2$ $(i = 1, 2)$ と表すと、式は1つで済む。さらに、この式は次のようにもっと短く表せる。

$x'_i = a_{ij}x_j$ ── ⑪

もし同じ添字が出てきたら（⑪式の場合は j）、各成分を当てはめてその総和を取るようにする。このテンソルの記法はアインシュタインによるもので（**アインシュタインの縮約記法**と呼ばれる）、たくさんの添字が使われるときに威力を発揮する。4次元時空を扱う重力場方程式では、2階以上のテンソルがいろいろ出てくるが、それぞれの添字に成分が4つずつあり、2階のテンソルは4×4の大きな行列となる。

アインシュタインの重力場方程式

テンソルを使った代表的な式として、**重力場方程式**（アインシュタイン場方程式、Einstein field equations）がある。

$G_{\mu\nu} = -\kappa T_{\mu\nu}$ ── ⑫

左辺のテンソルは「アインシュタイン曲率テンソル」と呼ばれる。**曲率**とは空間の曲がり具合のことで、重力場に伴う時空の曲がりが、曲率テンソルによって幾何学的に表される。添字 μ（ギリシャ文字ミュー）と ν（ギリシャ文字ニュー）は、4次元時空の4成分を取る。アインシュタインは空間を1, 2, 3、時間を4としているが、時間を0、空間を1, 2, 3とする流儀もある。

右辺のテンソルは「エネルギー・運動量テンソル」と呼ばれ、物質や場の密度と流れ（時間的および空間的な移動）を表す量である。右辺の κ（ギリシャ文字カッパ）は比例定数で、「アインシュタイン重力定数」と呼ばれる。⑫式の意味を一言で表すと、「時空の曲がりは物質の分布で決まる」ということである。

初めて重力場方程式を導いた 1915 年 11 月の論文の序文は、次のように力強く結ばれている。

「この理論を本当に理解した人は、誰もこの理論の魅力から逃れることができなくなるであろう。それは、ガウス、リーマン、クリストッフェル、レビ・チビタによって築かれた一般微分計算法の真の大成功を意味するのだ【Albert Einstein, *The Collected Papers of Albert Einstein*, Vol. 6 (*The Berlin Years: Writings*, 1914-1917), p.216（ドイツ語より和訳）, Princeton University Press (1996)】。」

⑫式の導出は、『一般相対性理論の基礎』と題するアインシュタインの 1916 年の論文に詳しく述べられている。この論文では、リーマン幾何学の基礎がすべて証明付きでわかりやすく解説されているので、大学初年級の微分積分学（偏微分を含む）を学んでいれば読むことができる。読み終わった後の達成感は、言葉で表しがたいほどである。

この論文には、既に和訳【アインシュタイン（内山龍雄訳編）『アインシュタイン選集 2 一般相対性理論および統一場理論』pp.59-114 共立出版 (1970)（以下、『一般相対性理論』）】がある。また、ドイツ語原文【http://einsteinpapers.press.princeton.edu/vol6-doc/311】と英訳【http://einsteinpapers.press.princeton.edu/vol6-trans/158】は、インターネット上で一般公開されている。ただし、英訳は意訳が多く誤植もあるので、ドイツ語原文の参照が必要となる。

このインターネット上の文献は、プリンストン大学出版局（Princeton University Press）による "*The Digital Einstein Papers*"（http://

einsteinpapers.press.princeton.edu/papers）であり、*The Collected Papers of Albert Einstein*（『アルバート・アインシュタイン全集』）に基づいて出版から2年遅れで公開されている。これは、アインシュタインに直接関わる3万点を超える文書をすべて注解付きで編纂するプロジェクトで、書簡はアインシュタインが書いたものだけでなく、受け取ったものも一部採録されている。アインシュタインの思考をたどるための貴重な一次資料であり、完成が待ち望まれる。第1巻が出版されたのは1987年であり、それから30年かけてやっと1925年の論文まで達している。

図8-5のイラストは、アインシュタインの来日時（1922年）に岡本一平（1886-1948）が即席で横顔を描いたものである。その下にアインシュタイン自身がサインをして（Aの上の矢印は「似顔絵の主は…」の意味）、次の一言を添えた。

Albert Einstein

oder

Die Nase als Gedanken-Reservoir

（アルバート・アインシュタイン、あるいは思考貯蔵庫としての鼻）

アインシュタインは、パイプ煙草の愛好家だった。

「宇宙項」というアイディア

アインシュタインは1917年になって、『一般相対性理論についての宇宙論的考察』という論文【『一般相対性理論』pp.133-144】の中で、重力場方程式に少しだけ手を加えた。

$$G_{\mu\nu} - \Lambda g_{\mu\nu} = -\kappa T_{\mu\nu} \quad\text{---}\quad ⑬$$

⑫式に対して⑬式では、左辺第2項として、Λ（ギリシャ文字ラムダ）という比例定数を含む「**宇宙項**」が追加された。$g_{\mu\nu}$ は「**計量テンソル**」と呼ばれる。**計量**とは距離を測ることで、時空の各点で距離と角度が計量テンソルによって幾何学的に表される。

なお、⑬式のそれぞれのテンソルの定義には、符号の取り方にプラスとマイナス2通りあり、どちらも間違いではない。本書はアインシュタインの論文の流儀に従った。

宇宙項があってもなくても、基礎原理と重力場方程式は問題なく成立する。アインシュタインは Λ を最初「普遍定数」と呼んだが（記号も小文字のラムダ λ を使っていた）、後に**宇宙定数**と呼ばれるようになった。最近は、宇宙項全体を「宇宙定数」と呼ぶことも多い。

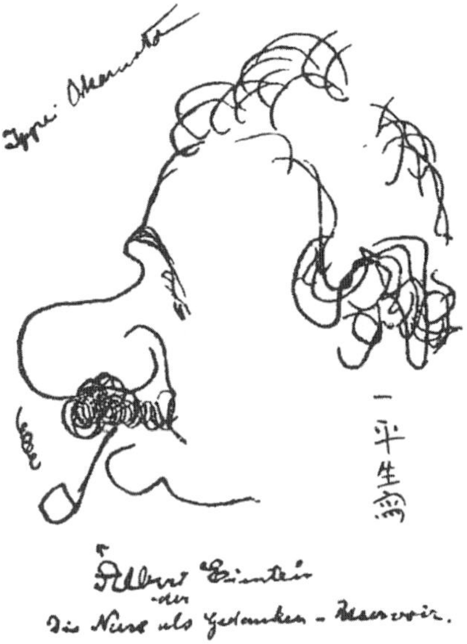

図 8-5 岡本一平によるアインシュタインの似顔絵（大正11年12月10日の東京朝日新聞夕刊に掲載された）

この宇宙項は、論文にあるように、「空間的に閉じた宇宙という仮説【『一般相対性理論』p.143】」を満たすという明確な意図を持って導入された。重力場方程式から得られるさまざまな「解」は、宇宙モデルの候補となりうる。その中で、どのモデルが実際の宇宙に合うかを検討しなくてはならない。

$\Lambda > 0$ の場合、無限遠に対する極限（$r \to \infty$）では、宇宙項のため距離に比例した「**万有斥力**」が生じる。万有斥力は非常に弱いため太陽系内では観測されていないが、銀河系を超えるスケールで働くと考えられている。そうした遠い距離において、万有引力を相殺するだけの万有斥力が必要だと考えられたのだった。

相対論による物理法則の修正

特殊相対性理論と一般相対性理論によって、多くの法則の理解がさら

に深まった。例えば、化学反応の前後で質量が変化しないという「質量保存則」は、質量とエネルギーの等価則（第 6 講）によって、エネルギー保存則に統一された。

　光速が不変量だということは、相対論の出発点だった。ガリレイ変換では、「加速度」が不変量だったが（第 5 講）、ローレンツ変換ではもはや不変量ではない。そこで、加速度に関する運動の法則（第 4 講）は修正を余儀なくされた。この点については、第 9 講で説明する。

　さらに一般相対性理論では、線素の 2 乗である $\Delta s^2 = c^2 \Delta t^2 - \Delta x^2$ が、一般の座標変換に対して不変量であることを要求する。特殊相対性理論でも、線素は不変量だった（第 6 講）が、さらに加速系を含めてこの不変則を拡張した点が重要だった。また、一般相対性理論において重力と慣性力が相殺するような「**自由落下系**」を局所的に考えれば、特殊相対性理論に帰着する。

　空間の 2 点を結ぶ「最短路」を**測地線**という。測地線は光の通り道と一致する。例えば太陽の周りで測地線を求めると、直線ではなく曲線となるのだ。光の伝播という自然現象は、純粋に空間の幾何学として表せるわけで、物理学と数学の幸福な関係は一層深まったと言えよう。

第9講 | 対称性とは——相対論の奥深い世界

　第9講は、「対称性」という観点から相対論の奥深い世界を見渡してみたい。それは、第10講で対称性を理解する準備にもなる。本講の後半では、これまで扱ってきた電磁波（光）の基礎となる電磁気の現象を紹介しながら、電磁気学と特殊相対性理論の緊密な関連性について説明する。対称性は、自然が持つ根源的な美である。その魅力を味わいながら、科学の奥深さに触れてみよう。

光の軌跡の対称性

　自然の美に対して、おそらく最も鋭敏な感覚を持っていた**ディラック**（P. A. M. Dirac, 1902-1984）は、次のように述べている。

> 「単純性の原理に反するにもかかわらず、相対論がそれほどまで物理学者に受け入れられている理由は、その卓越した数学的な美（mathematical beauty）にある。これは、芸術における美と同様に定義しえない質的なものだが、数学を研究する人なら苦もなく真価を認めるだろう。相対論は、自然の記述に対してこれまで例がないほどに数学的な美をもたらしたのだ【P. A. M. Dirac, "The relation between mathematics and physics", *Proceedings of the Royal Society of Edinburgh*, 59, pp.122-129 (1939)】。」

　また、ブラックホールを予言した**チャンドラセカール**（Subrahmanyan Chandrasekhar, 1910-1995）は、次のように述べている。

> 「少なくとも一人の相対論研究者にとりましては、この理論の魔力と

いうのは、その数学的構造の調和的な整合性にあるのです【スブラマニアン・チャンドラセカール（豊田彰訳）『真理と美——科学における美意識と動機』p.319 法政大学出版局 (1998)】。」

　相対論に見られる対称性は、チャンドラセカールの言う「調和的な整合性」の典型である。第5講で導入した「時空グラフ」について、その対称性を掘り下げてみよう。

　これまでと同様、慣性系 K (x, ct) に対して、x 方向に相対速度 v で運動する慣性系 $K'(x', ct')$ を考える。もちろん、ローレンツ変換を前提とする。慣性系 K 上で、$x = ct$ という直線は、原点を通る 45°の傾きの直線となる（図 9-1）。この直線は、時空グラフで時間と空間がちょうど対称になっており、以下に示すような物理的な意味を持っている。

　$x = ct$ という直線上の点 P (ct, ct) は、経過時間 t に対して $x = ct$ の位置にあるから、原点 $(0, 0)$ から x 軸の方向に発した光（速度 c）の到達点である。つまり、原点 O と点 P を結ぶ軌跡は、時空グラフ上で「**光の軌跡**」を表している。

　この光の伝わる様子を、慣性系 K' で観察しよう。時空グラフでは、光の軌跡を表す直線上の点 P の座標 (x', ct') を調べればよい。点 P から x' 軸と ct' 軸にそれぞれ平行な線（図 9-1 の破線）を引いて、両軸との交点を求めると、x' と ct' の値が得られる。

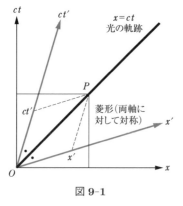

図 9-1

　この2つの交点と、原点 O および点 P でできる平行4辺形は、「菱形」であることが幾何学的に証明できる（☆）。したがって、$x' = ct'$ となる。

　点 P (ct', ct') は、経過時間 t' に対して $x' = ct'$ の位置にあるから、原

点 (0, 0) から x' 軸の方向に発した光（速度 c）の到達点である。このことから、慣性系 K' でも光速不変が成り立つことが確かめられた。これで、いかなる慣性系を選ぼうとも、光速の不変性が常に保証される。

斜交座標系の対称性

日本のいけばなである生花・立花の世界には、「古今遠近」という考え方がある。木と草では、いけばなでの意味合いが異なるというのだ。木は育つのに時間がかかり（古）、山（遠）に多い。一方、草は1年の命であり（今）、身近の野原（近）にある。そこで、木を後ろに、草を前に配置することで、時間（古今）と空間（遠近）の広がりが同時に表される。時間と空間を渾然一体として対称的に表現するところに、相対論に通じる哲学が感じられよう。相対論の基礎は、時間と空間の対称性にある。

さて、x' 軸と ct' 軸の傾きは、速度 v によって変化する。それでは、v がもっと光速に近づいたら、これらの2つの軸はどうなるだろうか。両腕を2つの軸に見立てて、v がゼロから c まで変化する様子を表してみよう。そうすると図9-2のように、「ローレンツ体操、第1。腕を前で閉じる運動」となる。

つまり、速度 v が光速に近づくと、時間軸と空間軸が互いに近づいていき、ついにはどちらも $x = ct$ という直線と重なるようになる。これが限界であり、両腕が互いにすり抜けるようなことは起こらない。

相対論で光速を超えることは許されないので、「時計が未来から過去へと、普通とは逆に進む」とか「結果から原因が生まれることになる」といった空想を裏付けるものは何もない。SFで言われていることが相対論に基づくかのような誤解を生んでいるだけなのである。

空間と時間の対称的な変換

ローレンツ変換（第5講⑪式）では、空間 x' と時間 t' がよく似た式だったが、右辺の分子の形が少し違っていた。ところが次式のようにす

れば、完全に同じ形で表せる。

$$x' = \frac{x - \frac{v}{c}ct}{\sqrt{1 - \frac{v^2}{c^2}}}, \quad ct' = \frac{ct - \frac{v}{c}x}{\sqrt{1 - \frac{v^2}{c^2}}} \quad —— \quad ①$$

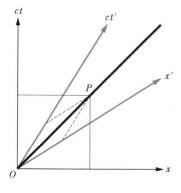

①式は、ローレンツ変換から直ちに得られる。x' の式は、分子を $x - vt = x - \frac{v}{c}ct$ と変形すればよい。t' の式は両辺に c を掛ければよい。その結果、空間 x' と時間 ct' のどちらにも、分子の第2項に「$-v/c$」という全く同じ係数が現れる。

①式は、空間 x と時間 ct を対称的に変換している。つまり、式はどちらか一方だけで十分なのだ。x と ct、そ

ローレンツ体操第1

図 9-2 ローレンツ変換と斜交座標系

れから x' と ct' を入れ替えるだけで、他方の式を表せる。

　この対称性は、どうして生まれたのだろうか？　その答は、時空グラフで時間軸を ct としたように（第5講）、①式でも時間 t の代わりに ct を用いたことである。そのため、「時空」を変換式でも対称化できたのだ。時空グラフで ct' 軸 ($x'=0$) は $x=\dfrac{v}{c}(ct)$ であり、x' 軸 ($ct'=0$) は $ct=\dfrac{v}{c}x$ だったことを思い出そう。

　また①式で、光という極限「$v \to c$」において x' と ct' が定まるためには、右辺の分子の値がゼロ、すなわち $x=ct$ でなくてはならない。このことを背理法で示そう。$v \to c$ で $v/c \to 1$ だから、もし $x \neq ct$ だとすると、右辺の分母の値がゼロに近づくため、分子の値をとても小さい値で割ることになり、右辺がいくらでも大きな値になってしまう。これは、左辺の x' と ct' が有限値をとることに矛盾する。よって、$x=ct$ でなくてはならない。この $x=ct$ という式は、光の軌跡であった。

ローレンツ逆変換

　これまでと逆に、慣性系 $K'(x',t')$ から慣性系 $K(x,t)$ への変換を考えよう。これは逆の変換なので、**ローレンツ逆変換**と呼ぶ。結論を先に示すと、次式のようになる。

$$x = \frac{x'+vt'}{\sqrt{1-\dfrac{v^2}{c^2}}}, \quad t = \frac{t'+\dfrac{v}{c^2}x'}{\sqrt{1-\dfrac{v^2}{c^2}}} \quad —— ②$$

　数式の対称性に慣れるために、②式を以下のさまざまな方法で証明してみよう。

　1) ②式の右辺の x' と t' にローレンツ変換の式（①式）を代入すれば左辺が得られるので、②式が正しいことが証明される（☆ペンと紙を使って計算しよう）。

　2) (x, t) を変数として、(x', t') を定数と見なせば、ローレンツ変換の式（①式）は連立2元1次方程式の形になっている。この連立方程

第9講　対称性とは——相対論の奥深い世界

式で x か t の一方を消去して、残りの変数について解けばよい（☆ペンと紙を使って計算しよう）。

3）物理学の考え方を使えば、計算なしで②式が導ける。ローレンツ逆変換とは、慣性系 $K'(x', t')$ から慣性系 $K(x, t)$ を見た場合だから、その相対速度は $-v$ となる。したがって、ローレンツ変換の式（①式）で v を $-v$ に置き換えればよい。この時、分母は v の2乗だから変わりがない。さらに、右辺が (x', t') で左辺が (x, t) となるようにプライム（'）を付け替えればよい。以上の考え方は、第5講のローレンツ変換の導出で既に使っていたことを思い出そう。

行列と群

第8講に続いて、行列の一般的な演算について補足してから、ローレンツ変換に対して適用する。行列の演算はとても強力なもので、本講では欠かせない道具として用いている。

テンソルとベクトルの積（第8講⑨式）から、次式を得る（見やすいように行を破線で囲った）。

$$\boldsymbol{A} \equiv \begin{pmatrix} a & b \\ a' & b' \end{pmatrix} \text{として、} \boldsymbol{A}\begin{pmatrix} x \\ y \end{pmatrix} = \begin{pmatrix} ax + by \\ a'x + b'y \end{pmatrix},$$

$$\boldsymbol{A}\begin{pmatrix} x' \\ y' \end{pmatrix} = \begin{pmatrix} ax' + by' \\ a'x' + b'y' \end{pmatrix}$$

まず、この基本形をしっかり記憶しよう。次に、ベクトル $\begin{pmatrix} x \\ y \end{pmatrix}$ と $\begin{pmatrix} x' \\ y' \end{pmatrix}$ を2列並べて、行列 $\boldsymbol{B} \equiv \begin{pmatrix} x & x' \\ y & y' \end{pmatrix}$ を作る（列を破線で囲った）。各成分にプライム（'）を付けるかどうかによって、$\boldsymbol{A}$ では行を、$\boldsymbol{B}$ では列を区別した。

2つの行列の「積」は、今説明したテンソルとベクトルの積を拡張して、次式のように定義できる。この掛け算の結果（右辺）は、$\boldsymbol{A}\begin{pmatrix} x \\ y \end{pmatrix}$

と $\boldsymbol{A}\begin{pmatrix} x' \\ y' \end{pmatrix}$ の結果（上記）を 2 列に並べた形になっている（列を破線で囲った）。

$$\boldsymbol{AB} = \begin{pmatrix} a & b \\ a' & b' \end{pmatrix} \begin{pmatrix} x & x' \\ y & y' \end{pmatrix}$$
$$\equiv \begin{pmatrix} ax+by & ax'+by' \\ a'x+b'y & a'x'+b'y' \end{pmatrix} \quad\text{---}\quad ③$$

なお、2 つの行列の掛け算では、掛ける順序が大切だ。掛ける順序を逆にすると、次式のように行と列の関係が変わってしまい、一般には異なる結果となるので注意したい。

$$\boldsymbol{BA} = \begin{pmatrix} x & x' \\ y & y' \end{pmatrix} \begin{pmatrix} a & b \\ a' & b' \end{pmatrix} = \begin{pmatrix} ax+a'x' & bx+b'x' \\ ay+a'y' & by+b'y' \end{pmatrix}$$
$$\neq \boldsymbol{AB}$$

このように、演算の順序を交換すると結果が変わることを「**非可換**（non-Abelian）」と言う。実は $\boldsymbol{AB} - \boldsymbol{BA} \neq 0$ という計算規則が、量子力学の重要な着想となったのである【P. A. M. ディラック（岡村浩訳）『ディラック現代物理学講義』pp.23-31 ちくま学芸文庫 (2008)】。ちなみに、実数の足し算や掛け算は**可換**（演算の順序を交換しても結果が同じということ）だが、例えば $2-1 \neq 1-2$ や $2 \div 1 \neq 1 \div 2$ のように、引き算や割り算は非可換である。

なお単位行列 $\boldsymbol{E}$ との積は、次式のように常に可換である。実際に③式の定義に当てはめて、可換であることを確かめよう（☆）。

$$\boldsymbol{C} \equiv \begin{pmatrix} a & b \\ c & d \end{pmatrix}, \boldsymbol{E} \equiv \begin{pmatrix} 1 & 0 \\ 0 & 1 \end{pmatrix} \text{として、} \boldsymbol{CE} = \boldsymbol{EC} = \boldsymbol{C}$$

次に、③式を使って次式が成り立つことに注目する。

$$\begin{pmatrix} a & b \\ c & d \end{pmatrix} \begin{pmatrix} d & -b \\ -c & a \end{pmatrix} = \begin{pmatrix} ad - bc & 0 \\ 0 & -bc + ad \end{pmatrix}$$

$$= (ad - bc) \begin{pmatrix} 1 & 0 \\ 0 & 1 \end{pmatrix}$$

この性質から、$ad - bc$ がゼロでない場合は、次のように**逆行列**（元の行列との積が単位行列になるもの）が定義できる。逆行列は、元の行列の右肩に「-1 乗」を付けて、逆数のように表す。

$$\boldsymbol{C}^{-1} = \begin{pmatrix} a & b \\ c & d \end{pmatrix}^{-1} \equiv \frac{1}{ad - bc} \begin{pmatrix} d & -b \\ -c & a \end{pmatrix} \quad\text{―}\quad ④$$

④式より、次式のように元の行列と逆行列の積は単位行列になる。単位行列との積と同様に、この特殊な場合も可換である（☆）。

$$\boldsymbol{C}\boldsymbol{C}^{-1} = \boldsymbol{C}^{-1}\boldsymbol{C} = \boldsymbol{E}$$

さらに、逆行列 $\boldsymbol{C}^{-1}$ の逆行列、すなわち $(\boldsymbol{C}^{-1})^{-1}$ は、元の行列 $\boldsymbol{C}$ と等しい。逆行列の定義から $\boldsymbol{C}^{-1}(\boldsymbol{C}^{-1})^{-1} = \boldsymbol{E} = \boldsymbol{C}^{-1}\boldsymbol{C}$ なので、$(\boldsymbol{C}^{-1})^{-1} = \boldsymbol{C}$ となる。

ここで、2つの演算の順番を変えても結果が同じという「**結合律**」、すなわち $\boldsymbol{A}(\boldsymbol{BC}) = (\boldsymbol{AB})\boldsymbol{C}$ が、一般の行列について成り立つ。例えば、$\boldsymbol{C}(\boldsymbol{C}^{-1}\boldsymbol{A}) = (\boldsymbol{C}\boldsymbol{C}^{-1})\boldsymbol{A} = \boldsymbol{E}\boldsymbol{A} = \boldsymbol{A}$ といった変形で結合律が使われる。

結合律の成り立つ「積」が定まる行列では、単位行列と逆行列がそれぞれ、**単位元**と**逆元**と呼ばれる「元」（集合の要素）になっている。一般に「結合律の成立、単位元の存在、逆元の存在」という3つの公理を満たすような集合を、「**群**（group）」と呼ぶ。特に行列の積は非可換であるので、そうした行列の集合は、積について「非可換群」を成す。群の理論である「**群論**」は、対称性に関する考え方の基礎を支えている。

さて、逆行列は一般の連立2元1次方程式を解く際に役立つ。$ad - bc \neq 0$ ならば、次式のように連立方程式の解が1組だけ定まる。

$C \begin{pmatrix} x \\ y \end{pmatrix} = \begin{pmatrix} x' \\ y' \end{pmatrix}$ の両辺に左から C^{-1} を掛けて、$\begin{pmatrix} x \\ y \end{pmatrix} = C^{-1} \begin{pmatrix} x' \\ y' \end{pmatrix}$

ローレンツ逆変換と逆行列

第8講⑩式でローレンツ変換の式を行列で表したが、ローレンツ逆変換はその行列の逆行列に対応する。ローレンツ変換の式は、行列 $\boldsymbol{\Gamma}$（ギリシャ文字ガンマ）を定義して、次のように表される。

$$\boldsymbol{\Gamma} \equiv \begin{pmatrix} \dfrac{1}{\sqrt{1-\dfrac{v^2}{c^2}}} & \dfrac{-v}{\sqrt{1-\dfrac{v^2}{c^2}}} \\ \dfrac{-\dfrac{v}{c^2}}{\sqrt{1-\dfrac{v^2}{c^2}}} & \dfrac{1}{\sqrt{1-\dfrac{v^2}{c^2}}} \end{pmatrix} \equiv \begin{pmatrix} a & b \\ c & d \end{pmatrix}$$ と置いて、

$\begin{pmatrix} x' \\ t' \end{pmatrix} = \boldsymbol{\Gamma} \begin{pmatrix} x \\ t \end{pmatrix}$

④式の $ad - bc$ を求めると、次式のように1だから、$\boldsymbol{\Gamma}$ の逆行列が求まる。

$$\dfrac{1}{\sqrt{1-\dfrac{v^2}{c^2}}} \times \dfrac{1}{\sqrt{1-\dfrac{v^2}{c^2}}} - \left(\dfrac{-v}{\sqrt{1-\dfrac{v^2}{c^2}}} \right) \times \left(\dfrac{-\dfrac{v}{c^2}}{\sqrt{1-\dfrac{v^2}{c^2}}} \right)$$

$$= \dfrac{1}{1-\dfrac{v^2}{c^2}} - \dfrac{\dfrac{v^2}{c^2}}{1-\dfrac{v^2}{c^2}} = \dfrac{1-\dfrac{v^2}{c^2}}{1-\dfrac{v^2}{c^2}} = 1$$

第9講　対称性とは——相対論の奥深い世界

$$\therefore \boldsymbol{\Gamma}^{-1} = \begin{pmatrix} \dfrac{1}{\sqrt{1-\dfrac{v^2}{c^2}}} & \dfrac{v}{\sqrt{1-\dfrac{v^2}{c^2}}} \\ \dfrac{\dfrac{v}{c^2}}{\sqrt{1-\dfrac{v^2}{c^2}}} & \dfrac{1}{\sqrt{1-\dfrac{v^2}{c^2}}} \end{pmatrix} \quad — \quad ⑤$$

これより、ローレンツ逆変換の式は、次式のように表される。

$$\begin{pmatrix} x \\ t \end{pmatrix} = \boldsymbol{\Gamma}^{-1} \begin{pmatrix} x' \\ t' \end{pmatrix} = \dfrac{1}{\sqrt{1-\dfrac{v^2}{c^2}}} \begin{pmatrix} 1 & v \\ \dfrac{v}{c^2} & 1 \end{pmatrix} \begin{pmatrix} x' \\ t' \end{pmatrix}$$

行列の前に置いた定数は、すべての成分に掛けるということを思い出そう。④式を正確に記憶していれば、⑤式のように逆行列を求めるだけで②式が導ける。ローレンツ変換とローレンツ逆変換が示す「対称性」は、⑤式の逆行列の性質によって数学的に裏付けられる。

行列のような「進んだ」考え方を学んだり、④式のような「公式」を記憶したりすることで、計算が楽になるが、これはルービックキューブを解くのと同じだ。解く時間を最短にするスピードキュービングでは、手順の長い正攻法だけでなく、いろいろな個別の「公式」を覚える必要がある。本講では、対称性の美を行列がいかに「見えやすく」しているか味わっていただきたい。

ローレンツ逆変換と斜交座標系

ローレンツ逆変換の②式から、その幾何学的な表現を確認してみよう。慣性系 $K'(x', ct')$ の方から変換するので、変換前の x' 軸と ct' 軸を直交座標系としよう。変換後の x 軸と ct 軸は、どのような斜交座標系となるだろうか。

ct 軸上では常に $x = 0$ が成り立つが、それは②式より $x' + vt' = 0$、つまり $x' = -vt' = -\dfrac{v}{c}(ct')$ のときである。グラフを横にして見れば、

ct軸はct'軸をv/cの割合でx'軸の負の方へ傾けた直線である（図9-3）。

一方、x軸上では常に$ct = 0$が成り立つが、それは②式より$t' + \dfrac{v}{c^2}x' = 0$、つまり次式を満たす場合である。

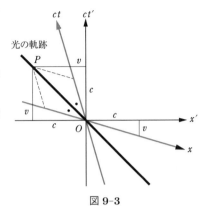

図 9-3

$$t' = -\frac{v}{c^2}x'$$
$$\therefore ct' = -\frac{v}{c}x' \quad —\!\!— \quad ⑥$$

したがってx軸は、x'軸をv/cの割合でct'軸の負の方へ傾けた直線である。

また、慣性系K'上で、$x' = -ct'$という直線は、原点を通る$-45°$の傾きの直線となる（図9-3）。$x' = -ct'$という直線上の点P $(-ct', ct')$は、経過時間t'に対して$x' = -ct'$の位置にあるから、原点$(0, 0)$からx'軸の負の方向に発した光（速度$-c$）の到達点である。つまり、原点Oと点Pを結ぶ軌跡は、時空グラフ上で「光の軌跡」を表している。

この光の伝わる様子を、慣性系Kで観察しよう。時空グラフでは、光の軌跡を表す直線上の点Pの座標(x, ct)を調べればよい。点Pからx軸とct軸にそれぞれ平行な線を引いて、両軸との交点を求めると、xとctの値が得られる。

この2つの交点と、原点Oおよび点Pでできる平行4辺形は、「菱形」であることが幾何学的に証明できる（☆）。したがって、$x = -ct$となる。

点P $(-ct, ct)$は、経過時間tに対して$x = -ct$の位置にあるから、原点$(0, 0)$からx軸の負の方向に発した光（速度$-c$）の到達点である。このことから、慣性系Kでも光速不変が成り立つことが確かめられた。

第9講　対称性とは——相対論の奥深い世界

x 軸と ct 軸の傾きは、速度 v によって変化する。それでは、v がもっと光速に近づいたら、これらの 2 つの軸はどうなるだろうか。ローレンツ変換のときと同様に両腕を 2 つの軸に見立てて、v がゼロから c まで変化する様子を表してみよう。そうすると図 9-4 のように、「ローレンツ体操、第 2。腕を左右に開く運動」となる。

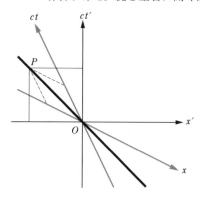

つまり、速度 v が光速に近づくと、時間軸と空間軸が互いに近づいていき、ついにはどちらも $x' = -ct'$ という直線と重なるようになる。

図 9-4 ローレンツ逆変換と斜交座標系

奥の深い問題 その2（第5講）の答

答：空間と時間は、時空グラフで対称的に扱われる。さらに①式のように、空間と時間が変換式でも対称的に扱われることを見てきた。しかし第5講で説明したように、時間は伸び、空間は縮む。この2つの相対論的効果が対称的にならない理由は、時間の伸びとローレンツ収縮で「計測の仕方」が違うためである。

時空グラフで考えると、時間の伸びとローレンツ収縮は2点間の距離を測っていることに変わりない。しかし、説明を注意深くたどるとわかるように、(x', ct') と (x, ct) でプライム（$'$）を付け替えれば相対性が示されるが、時間の伸びとローレンツ収縮では、$x' \leftrightarrow t'$ や $x \leftrightarrow t$ という置き換えが成り立たないのだ。以下に第5講の説明を要約する。

時間の伸びでは、$x = 0$ に置かれた時計が $t = t_1$ を示すときを考えて、t'_1 を求めた。さらに、$x' = 0$ に置かれた時計が $t' = t'_1$ を示すとき、t_1 を求めることで相対性を示した。

一方、ローレンツ収縮では、慣性系 K' において長さ l の棒が静止しているとき、慣性系 K 上で $t = 0$ において写真を撮り、$x' = l, t = 0$ から x を求めた。さらに、慣性系 K において長さ l の棒が静止しているとき、慣性系 K' 上で $t' = 0$ において写真を撮り、$x = l, t' = 0$ から x' を求めることで相対性を示した。

つまりローレンツ収縮では、$x' = l, t' = 0$ から x を求めるわけではないし、$x = l, t = 0$ から x' を求めるのでもない。空間の長さを測るには、測定する慣性系の方で時間を固定する必要があり、これが「写真を撮る」という長さの測定法なのである。

運動量とエネルギーのローレンツ変換

第6講で、相対論的な運動量とエネルギーを定義した（第6講⑰式と⑳式）。定義式を、もう一度ここに示しておこう。

$$p \equiv m \frac{\Delta x}{\Delta \tau}, \quad E \equiv mc^2 \frac{\Delta t}{\Delta \tau} \quad\text{——}\quad ⑦$$

簡単な計算で、運動量とエネルギーのローレンツ変換を求めることができる。まず、空間に対する「変位のローレンツ変換」(第5講⑫式)を用いて、⑦の定義式を当てはめると、次式が成り立つ。

$$p' \equiv m\frac{\Delta x'}{\Delta \tau} = \frac{m}{\Delta \tau}\frac{\Delta x - v\Delta t}{\sqrt{1 - \frac{v^2}{c^2}}} = \frac{1}{\sqrt{1 - \frac{v^2}{c^2}}}\left(m\frac{\Delta x}{\Delta \tau} - vm\frac{\Delta t}{\Delta \tau}\right)$$

$$\therefore p' = \frac{p - \frac{v}{c^2}E}{\sqrt{1 - \frac{v^2}{c^2}}} \quad\text{---}\quad ⑧$$

また、時間に対する「変位のローレンツ変換」を用いて、⑦の定義式を当てはめると、次式が成り立つ。

$$E' \equiv mc^2\frac{\Delta t'}{\Delta \tau} = \frac{mc^2}{\Delta \tau}\frac{\Delta t - \frac{v}{c^2}\Delta x}{\sqrt{1 - \frac{v^2}{c^2}}}$$

$$= \frac{1}{\sqrt{1 - \frac{v^2}{c^2}}}\left(mc^2\frac{\Delta t}{\Delta \tau} - vm\frac{\Delta x}{\Delta \tau}\right)$$

$$\therefore E' = \frac{E - vp}{\sqrt{1 - \frac{v^2}{c^2}}} \quad\text{---}\quad ⑨$$

得られた⑧式と⑨式は、**運動量とエネルギーのローレンツ変換**である。つまり、運動量とエネルギーは、空間と時間のように一体となって変換されるのだ。この2つの式を、空間と時間のローレンツ変換の式と見比べてみよう。

$$\begin{cases} x' = \dfrac{x - vt}{\sqrt{1 - \dfrac{v^2}{c^2}}}, & t' = \dfrac{t - \dfrac{v}{c^2}x}{\sqrt{1 - \dfrac{v^2}{c^2}}} \\ p' = \dfrac{p - \dfrac{v}{c^2}E}{\sqrt{1 - \dfrac{v^2}{c^2}}}, & E' = \dfrac{E - vp}{\sqrt{1 - \dfrac{v^2}{c^2}}} \end{cases}$$

右辺の分数の分子を見ると、運動量 p' の式が時間 t' の式と同じ形で〔第 2 項の係数が $-\dfrac{v}{c^2}$〕、エネルギー E' の式が空間 x' の式と同じ形だが〔第 2 項の係数が $-v$〕、この対応は表面的である。なぜなら、3 次元のベクトルである運動量が空間に、つまり p' が x' に、1 次元のスカラーであるエネルギーが時間に、つまり E' が t' に対応するからである。しかも、対応する物理量は互いに共役だった(第 6 講)。実際、⑧式と⑨式を次式のように変形すると、両式の分子の形は同じであり〔どちらも $-\dfrac{v}{c}$〕、①式と同じ形になっている。

$$p' = \dfrac{p - \dfrac{v}{c}\dfrac{E}{c}}{\sqrt{1 - \dfrac{v^2}{c^2}}}, \quad \dfrac{E'}{c} = \dfrac{\dfrac{E}{c} - \dfrac{v}{c}p}{\sqrt{1 - \dfrac{v^2}{c^2}}} \quad\text{---}\quad ⑩$$

①式と同様に、⑩式は運動量 p とエネルギー E を「対称的に」変換する。これまで全く別の物理量と考えられていた運動量とエネルギーが時空と同じように連関するところに、相対論の奥深い妙がある。

⑩式で、光という極限「$v \to c$」において p' と E'/c が定まるためには、右辺の分子の値がゼロ、すなわち $p = E/c$ でなくてはならない。この式は、「光の関係式」(第 6 講⑲式)であった。

さて、①式と⑩式を行列で表すと、次式のようになる。

第 9 講 対称性とは——相対論の奥深い世界

$$\boldsymbol{\Gamma} \equiv \frac{1}{\sqrt{1-\dfrac{v^2}{c^2}}} \begin{pmatrix} 1 & -\dfrac{v}{c} \\ -\dfrac{v}{c} & 1 \end{pmatrix} \text{と置いて、}$$

$$\begin{pmatrix} x' \\ ct' \end{pmatrix} = \boldsymbol{\Gamma} \begin{pmatrix} x \\ ct \end{pmatrix}, \quad \begin{pmatrix} p' \\ \dfrac{E'}{c} \end{pmatrix} = \boldsymbol{\Gamma} \begin{pmatrix} p \\ \dfrac{E}{c} \end{pmatrix} \quad \text{―――⑪}$$

つまり、ローレンツ変換の行列は、空間・時間と運動量・エネルギーで全く同じなのである。このように、同じ番号の行と列（例えば第1行と第1列）が同じ成分を持つ行列のことを、「**対称行列**」という。ローレンツ逆変換は次式のようになり、やはり対称行列で表される。

$$\boldsymbol{\Gamma}^{-1} \equiv \frac{1}{\sqrt{1-\dfrac{v^2}{c^2}}} \begin{pmatrix} 1 & \dfrac{v}{c} \\ \dfrac{v}{c} & 1 \end{pmatrix} \text{と置いて、}$$

$$\begin{pmatrix} x \\ ct \end{pmatrix} = \boldsymbol{\Gamma}^{-1} \begin{pmatrix} x' \\ ct' \end{pmatrix}, \quad \begin{pmatrix} p \\ \dfrac{E}{c} \end{pmatrix} = \boldsymbol{\Gamma}^{-1} \begin{pmatrix} p' \\ \dfrac{E'}{c} \end{pmatrix}$$

相対論的な力

ここで、相対論的な「力」について考えてみよう。まず、「変位のローレンツ変換」と同様にして、⑧式と⑨式から次式が得られる。

$$\Delta p' = \frac{\Delta p - \dfrac{v}{c^2}\Delta E}{\sqrt{1-\dfrac{v^2}{c^2}}}, \quad \Delta E' = \frac{\Delta E - v\Delta p}{\sqrt{1-\dfrac{v^2}{c^2}}}$$

それぞれの式で、両辺を固有時 $\Delta\tau$ で割ると、次式を得る。

$$\frac{\Delta p'}{\Delta \tau} = \frac{\dfrac{\Delta p}{\Delta \tau} - \dfrac{v}{c^2}\dfrac{\Delta E}{\Delta \tau}}{\sqrt{1-\dfrac{v^2}{c^2}}}, \quad \frac{\Delta E'}{\Delta \tau} = \frac{\dfrac{\Delta E}{\Delta \tau} - v\dfrac{\Delta p}{\Delta \tau}}{\sqrt{1-\dfrac{v^2}{c^2}}} \quad \text{―――⑫}$$

古典力学での力の定義（第4講⑦式）を思い出そう。そこで、相対論的運動量の定義（第6講⑰式）で、時間変位 Δt を固有時 $\Delta \tau$ に代えたのと同様に、固有時 $\Delta \tau$ あたりの運動量変化 Δp を**相対論的な力 F** と定義する。

$$F \equiv \frac{\Delta p}{\Delta \tau}, \quad F' \equiv \frac{\Delta p'}{\Delta \tau} \quad \text{---} \quad ⑬$$

⑬式で得られた力は、ローレンツ変換で⑫式のようにして変換される。

古典力学の極限、すなわち $v/c \to 0$ では、第6講⑯式より $\Delta \tau \to \Delta t$ だから、⑬式による力の定義は、古典力学での力の定義に帰着する。このアイディアは、アインシュタインの1907年の論文【A. Einstein, "Über das Relativitätsprinzip und die aus demselben gezogenen Folgerungen", *Jahrbuch der Radioaktivität und Elektronik* 4, p.433 (1907)】に、既に述べられていた。かくしてニュートンの第2法則は、相対論によって運動量と力の両方が修正されたのである。

運動量とエネルギーの関係式

第6講の⑱式と㉑式より、運動量とエネルギーの関係式が導かれる。

$$p = \frac{mv}{\sqrt{1-\frac{v^2}{c^2}}}, \quad E = \frac{mc^2}{\sqrt{1-\frac{v^2}{c^2}}} \text{ より、} p = \frac{v}{c^2}E \quad \text{---} \quad ⑭$$

物体上の1点に固定した慣性系では $\Delta x' = 0$ だから（第6講）、運動量も $p' = 0$ となり、⑧式からも⑭式が得られる。

また、⑭式に $v = c$ を代入すると、「光の関係式」である $p = E/c$ を得る。ただし、光子を特別扱いするわけではない。粒子の質量がゼロであれば、光速で運動する。

運動量とエネルギーの間には、さらに次の「不変式」が成り立つ。

$$E'^2 - c^2 p'^2 = E^2 - c^2 p^2 = \text{const.} \quad \text{---} \quad ⑮$$

⑮式は、「E^2 と c^2p^2 の差の値が慣性系によらない」という意味である。その証明は、左辺に、ローレンツ変換の式（⑧式と⑨式）を代入して、次のように計算を進めればよい。計算の仕方は、第6講⑫式の証明のときと同様である。

$$E'^2 - c^2 p'^2 = \left(\frac{E - vp}{\sqrt{1 - \frac{v^2}{c^2}}}\right)^2 - c^2 \left(\frac{p - \frac{v}{c^2}E}{\sqrt{1 - \frac{v^2}{c^2}}}\right)^2$$

$$= \frac{1}{1 - \frac{v^2}{c^2}} \left(E^2 - 2vpE + v^2 p^2 - c^2 p^2 + 2vpE - \frac{v^2}{c^2}E^2\right)$$

$$= \frac{1}{1 - \frac{v^2}{c^2}} \left(E^2 - c^2 p^2 - \frac{v^2}{c^2}E^2 + v^2 p^2\right)$$

$$= \frac{1}{1 - \frac{v^2}{c^2}} \left\{(E^2 - c^2 p^2) - \frac{v^2}{c^2}(E^2 - c^2 p^2)\right\}$$

$$= E^2 - c^2 p^2$$

⑮式は時空と同様の不変式であり、運動量とエネルギーの間には、チャンドラセカールの言う「調和的な整合性」がある。そこで、「運動量とエネルギーには、時空と調和するような性質が何かあるのではないか」と考えたなら、その人は慧眼の士である。次にその奥深さについて説明しよう。

対称性と保存則

物理学の用語としての「**対称性**」は、物理量がある変換に対して不変量となることを意味する。また、物理法則そのものの不変性も、対称性と呼ぶ。対称性の例には、回転対称性、鏡映対称性、相対性がある。

ベクトルの長さを変えないような変換は、平行移動、回転、鏡映反転であり、拡大・縮小を除いた**アフィン変換**（affinis はラテン語で「関連

した」という意味）に対応する。平行移動（並進）しても性質が変わらないことを、一般に**並進不変性**という。

「保存則」とは、物理量の総和が連動に伴って不変に保たれるという法則で、不変則ともいう。この不変に保たれる物理量を保存量と呼ぶ。保存則の例には、角運動量保存則（第3講）と運動量保存則（第4講）や、エネルギー保存則（第6講）がある。

運動量やエネルギーは各慣性系で保存されるが、ローレンツ変換の不変量ではない。運動量やエネルギーは、時空のように一体となって変換される物理量である。

ネーターの定理

対称性と保存則は密接に関連することが、ネーター（Emmy Noether, 1882-1935）によって1918年に初めて報告された。**ネーターの定理**と呼ばれるこの発見は、次のように表せる。

> 運動についての作用量が、ある物理量 A に対する変換（移動）で不変のとき、その物理量 A に共役な物理量 B は保存される。その逆も正しい。

作用量とは、第6講で説明したように、位置と運動量の積や、時間とエネルギーの積などと同等の物理量である。積で作用量を成す2つの物理量は、互いに共役である。ネーターの定理が成り立つ3つの代表例を挙げよう。

1) 作用量が時間に対する変換（並進）で不変のとき（「時間の一様性」と言う）、時間に共役なエネルギーは保存される。その逆も正しい。
2) 作用量が位置に対する変換（並進）で不変のとき（「空間の一様性」と言う）、位置に共役な運動量は保存される。その逆も正

しい。
3) 作用量が角度に対する変換（回転）で不変のとき（「空間の等方性」と言う）、角度に共役な角運動量は保存される。

これらの同値性は、18世紀後半から19世紀にかけて確立した解析力学で証明される。並進や回転といった変換に対する不変性は、一様性や等方性という対称性である。例えば時間の一様性は、過去・現在・未来のどの時刻でも、運動の法則に違いがないことを意味する。宇宙の始まり（ビッグバン）の前後で、もし時間が一様でないなら、エネルギーは保存されなくなる。

もし時間が一様なのに空間が一様でなかったとしよう。すると、ローレンツ変換によって、時間が一様でなくなるような別の慣性系が生じうる。時間が一様な慣性系ではエネルギーが保存されるが、変換後の慣性系ではエネルギーが保存されないというのは、相対性原理に反する。したがって背理法により、時間が一様ならば空間も一様であることが示される。

同様に、空間が一様ならば時間も一様であるから、エネルギーと運動量は共に保存されるか、保存されないか、どちらかしかないことになる。相対論では、時空が対称的であるのと同様に、エネルギーと運動量が一体化している。

「なぜ、保存則が成り立つのか？」と尋ねられたら、「そこに対称性があるから」と答えよう。

電荷と電流

力学と電磁気学は、講義や教科書で分けられていることが多く、全く別の体系だと思われているかもしれない。しかし、特殊相対性理論が力学と電磁気学を見事に統一したように、物理はあくまで1つなのである。

さまざまな電磁気の現象を引き起こす電気の実体が、「**電荷**」である。

また、電荷の流れを**電流**という。1アンペア［A］の電流が1秒に運ぶ電荷量を1クーロン［C］と定義する。

電流の具体例は、金属中にある**電子**（エレクトロン）の流れである。1つの電子が持つ電荷量 e (1.602×10^{-19} C) を**素電荷**（電気素量）と言い、電荷量の基準とする。

電池やコンセントの電源では、電流を流すような**電圧**が加えられる。電圧の単位はボルト［V］である。電気抵抗が一定の範囲では、電流が電圧の大きさに比例する。

さて、直径1 mmの銅線に1 Aの電流を流すとき、電子の平均移動速度は約 0.05 mm/s 程度と極めて遅いが、電子の数が多いため、遅くても大きな電流となる。ところが、電灯のスイッチを入れたときの電圧変化は、1 mの銅線を5ナノ秒（1ナノ秒は10億分の1秒）くらいで伝わる。この速さは、2×10^8 m/s（つまり光速の 2/3 倍）に相当する【志田晟, "ディジタル信号の性質と高速伝送技術 第1回" トランジスタ技術 2008年1月号 p.162 (2008)】。つまり、電圧変化は電子の移動によるものではなく、ケーブル内に発生した電磁波が原因だ。

電気回路では、次の2つの法則から成る「**キルヒホッフの法則**」が基本である。

1) 電気回路のどの点でも、電流の和がゼロとなる（流入と流出が相殺する）。
2) 電気回路のどの閉回路でも、電圧の和がゼロとなる。

法則1) は、電荷の総和が変わらないという**電荷保存則**であり、電子の流れというミクロな現象に支えられている。法則2) はエネルギー保存則であり、無からエネルギーが生じることはない。

電子は、原子核を構成する**陽子**（プロトン）や**中性子**（ニュートロン）と同様に、物質を構成する基本的な粒子である。陽子の電荷は $+e$（正電荷）、電子の電荷は $-e$（負電荷）、そして中性子の電荷はゼロだ。

この電荷の 3 種類の分類は、ドイツ語などの男性名詞、女性名詞、中性名詞の分類と似ていて面白い。

なお、原子核の陽子と中性子を結びつけているのは、重力でも電磁力（下記）でもなく、**強い相互作用（核力）** という別の力である。

電場と磁場

電荷や電流、そして磁極（第 10 講）に作用する力を、**電磁力**（電磁気力）と言う。静止した電荷が作る、電荷あたりの位置エネルギーを、**「静電ポテンシャル」** または **電位** と呼ぶ。電圧は、2 点間の静電ポテンシャルの差、すなわち「電位差」を意味する。

電荷 q から距離 r だけ離れたところの電位 $V(r)$ は、次式のように q に比例し r に反比例する。k は、比例係数である。

$$V(r) = k\frac{q}{r} \quad \text{——} \quad ⑯$$

第 7 講で説明した重力ポテンシャルと同様に、電位が減る方向の勾配によって、電荷あたりの保存力が生じる。この保存力のことを **電場** と言う。電場はベクトルであり、$\boldsymbol{E} = (E_x, E_y, E_z)$ と表す。括弧の中は、x, y, z 軸方向の各成分である。電場の強さは電位の勾配なので、ボルト毎メートル［V/m］の単位で表される。

空間変位 Δr に対する電位差 ΔV は、次式のようになる。

$$\Delta V = V(r + \Delta r) - V(r) = k\frac{q}{r + \Delta r} - k\frac{q}{r}$$

この電位差から、動径方向の電場 $E(r)$ が次式のように求められる。式変形の仕方は、万有引力のポテンシャル（第 8 講）の場合と比べて符号だけの違いである。

$$E(r) = -\frac{\Delta V}{\Delta r} = -\frac{1}{\Delta r}\left(k\frac{q}{r+\Delta r} - k\frac{q}{r}\right)$$
$$= k\frac{q}{\Delta r}\left(\frac{1}{r} - \frac{1}{r+\Delta r}\right)$$
$$= k\frac{q}{\Delta r}\left\{\frac{r+\Delta r}{r(r+\Delta r)} - \frac{r}{r(r+\Delta r)}\right\} \quad\text{——}\quad ⑰$$
$$= k\frac{q}{\Delta r}\frac{\Delta r}{r(r+\Delta r)} = k\frac{q}{r^2(1+\Delta r/r)} \to k\frac{q}{r^2}$$

$\Delta r \to 0$ の極限で、$|\Delta r/r| \ll 1$ がゼロとなることを用いた。電場から電荷 q' が受ける力を**クーロン力**と言う。クーロン力 $F(r)$ は、電場に電荷 q' を掛けた $F(r) = q'E(r) = k\frac{qq'}{r^2}$ であり、逆 2 乗則（第 2 講）に従うことがわかる。これが**クーロンの法則**であり、電荷 q' が受ける力は、電荷 q と q' の両方に比例し、電荷同士の距離の 2 乗に逆比例する。電荷 q と q' が同じ符号なら $F(r) > 0$ で斥力となり、違う符号なら $F(r) < 0$ で引力となる。

電荷の流れである電流は、その周りに電場だけでなく環状の**磁場**を作る。電流の周りに方位磁針（磁気コンパス）を置けば、N 極が磁場の方向を指し示す。この現象は**エルステッド**（Hans Ørsted, 1777-1851）が 1820 年に発見したのだが、**アンペール**（André-Marie Ampère, 1775-1836）が法則として確立させたので、**アンペールの法則**と呼ばれる。

磁場は「磁束密度」とも呼ばれ、単位はテスラ［T］である。磁場もベクトルであり、$\boldsymbol{B} = (B_x, B_y, B_z)$ と表す。歴史的には電気と磁気は別々に発見されたが、マクスウェルの頃までには電場と磁場が一体のものだと考えられるようになったため、電場と磁場を合わせて**電磁場**と言う。

「ゲージ」という考え方

静電ポテンシャルはスカラーであり、**スカラーポテンシャル**とも呼ばれる。電荷が運動する電流の場合は速さと方向を持つので、電流の空間

的な分布によって生じるポテンシャルはベクトルとなる。これが、**ベクトルポテンシャル**である。

電場 $\boldsymbol{E}$ は、スカラーポテンシャルが減る方向の勾配（空間変位あたりの変化）と、ベクトルポテンシャルが減る方向の「時間変位あたりの変化」を、ベクトルの各成分で足し合わせて求められる。同時に生じる磁場 $\boldsymbol{B}$ も、ベクトルポテンシャルの空間的な変化率で表せる【小宮山進、竹川敦『マクスウェル方程式から始める電磁気学』pp.146-151 裳華房 (2015)】。

さて、ベクトルポテンシャル（3次元）とスカラーポテンシャル（1次元）を合わせて4次元の成分としたものを、**電磁ポテンシャル**と呼ぶ。電磁場は電磁ポテンシャルの時空間の変化率で表せるわけだが、電磁ポテンシャルには関数の取り方に任意性があるため、電荷・電流・磁極の分布を測るための「尺度」としては、時空の各点ごとにローレンツ不変性（第5講）などの制約条件を課して定められる。

そこで、電磁ポテンシャルという尺度のことを「ゲージ」と言い、電磁ポテンシャルが分布する空間のことを**ゲージ場**と呼ぶ。こうした考え方を体系化した理論が、ワイル（Hermann Weyl, 1885-1955）による**ゲージ場理論**である。

ゲージ場理論は、電磁場と重力場に共通した時空の幾何学を目指す「統一場理論」のさきがけとなった。ワイルはアインシュタインの同僚であり、よき理解者だった。2人の悲願だった統一場理論は、未完成のまま未来への宿題として残されている。

相対論的な電流密度

古典的な**電流密度**は、単位面積を通過する時間変化あたりの電気量として定義される。電荷密度（単位体積あたりの電荷）を ρ（ギリシャ文字ロー）、電流の速度を v とすると、電流密度 J は次式で定義できる。電荷密度 ρ を質量 m に対応させれば、ρv は古典的な運動量 mv に相当する。

$$J \equiv \rho v \quad \text{―} \quad ⑱$$

相対論的な電流密度は、単位面積を通過する固有時 $\Delta\tau$ あたりの電気量として、次式のように定義すればよい。空間変位を Δx として、相対論的運動量と同様の定義になっている。ただし電流密度は、運動量と同様にベクトルである。

$$J \equiv \rho \frac{\Delta x}{\Delta \tau} \quad \text{―} \quad ⑲$$

相対論的効果を考えて、次式を得る。

$$\Delta\tau = \Delta t \sqrt{1 - \frac{v^2}{c^2}} \text{より、}$$
$$J = \frac{\rho}{\sqrt{1 - \frac{v^2}{c^2}}} \frac{\Delta x}{\Delta t} = \frac{\rho v}{\sqrt{1 - \frac{v^2}{c^2}}} > \rho v \quad \text{―} \quad ⑳$$

ここで $\sqrt{1 - \frac{v^2}{c^2}} < 1$ より、相対論的な電流密度は、古典的な電流密度 ρv よりも必ず大きくなる。荷電粒子を光速にするのは不可能である。相対論的運動量における質量と同様に、電荷密度 ρ は不変量であることに注意しよう。

光という極限「$v \to c$」では、⑳式の電流密度 J が有限であるために、$\rho = 0$、つまり電荷 $q = 0$ でなくてはならない。まとめると、質量または電荷を持つ粒子は、どんなに加速しても光速に達することは許されない。光子は「質量も電荷も持たない粒」であり、光速で飛ぶことを特別に許されているのだ。

さて、アンペールの法則によると、電流密度 $\boldsymbol{J}$（ベクトル）の周りに生じる環状の磁場は、電流に垂直な回転であり、電流密度に比例する。図9-5右のように、電流密度 $\boldsymbol{J}$ の方向に右手の親指を立てると、親指以外の指が向く方向が、磁場の向きとなる。これは「**右ねじの法則**」とも言われ、磁場の方向に右巻き（時計回り）にねじを回すと、ね

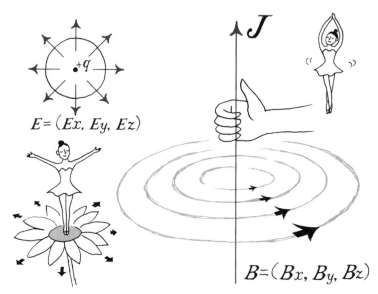

図 9-5 クーロンの法則とアンペールの法則

じの進む方向が電流密度 J の方向と一致する。

　ここで、不思議な相対論的効果が予想できる。慣性系 $K(x, y, z, t)$ に対して、x 方向に相対速度 v で運動する慣性系 $K'(x', y', z', t')$ を考える。慣性系 K で電荷が x 方向に一列に分布しているとしよう。それぞれの電荷が静止している慣性系 K では、クーロンの法則に従う電場が生じるが、磁場は存在しない（図 9-5 左）。一方、慣性系 K' では電荷が運動して電流を成すので、アンペールの法則に従う環状の磁場が生じるはずだ。ただし、運動方向には磁場が生じない（$B_x = 0$）。

　電荷に対して相対運動するだけで磁場が生じるのだから、不思議である。電場と磁場がそれぞれ別の法則に支配されていると考える限り、この不思議は解決しない。

　次に説明する電磁場のローレンツ変換を用いて電場を変換すれば、⑳式による相対論的な電流密度を含むようなアンペールの法則を導くこと

ができる。つまり、電場に対する相対運動で磁場が生じるのは、相対論的効果なのだ。

電磁場のローレンツ変換

マクスウェルは1865年に、クーロンの法則やアンペールの法則のようにそれまで電場と磁場について別々だった法則を統一して、「マクスウェル方程式」を導いた。さらに、これらの電磁場が電磁波として光速で伝わることを示した（第5講）。

それから40年経って、電場 $\boldsymbol{E} = (E_x, E_y, E_z)$ と磁場 $\boldsymbol{B} = (B_x, B_y, B_z)$ の「運動方向（x方向）に垂直な成分」が、相対運動によって対称的に混じり合うことを示したのは、若きアインシュタインだった。1905年の論文の後半には、電磁場のローレンツ変換が次のように示されている【アインシュタイン（内山龍雄訳）『相対性理論』p.43 岩波文庫 (1988)】。

$$\begin{cases} E'_x = E_x, \quad B'_x = B_x \\ E'_y = \dfrac{E_y - vB_z}{\sqrt{1 - \dfrac{v^2}{c^2}}}, \quad B'_y = \dfrac{B_y + \dfrac{v}{c^2}E_z}{\sqrt{1 - \dfrac{v^2}{c^2}}} \\ E'_z = \dfrac{E_z + vB_y}{\sqrt{1 - \dfrac{v^2}{c^2}}}, \quad B'_z = \dfrac{B_z - \dfrac{v}{c^2}E_y}{\sqrt{1 - \dfrac{v^2}{c^2}}} \end{cases} \quad —— ㉑$$

まず、運動方向である x 方向では、電場も磁場も変化しない。運動に垂直な方向である y 方向と z 方向では、電場と磁場が複雑に絡み合っているようだが、そこにどのような対称性があるのだろうか。

㉑式の y 成分と z 成分を、対角線方向でペアにして行列で表すと、次式のようになる。

$$\begin{pmatrix} E'_y \\ B'_z \end{pmatrix} = \frac{1}{\sqrt{1-\dfrac{v^2}{c^2}}} \begin{pmatrix} 1 & -v \\ -\dfrac{v}{c^2} & 1 \end{pmatrix} \begin{pmatrix} E_y \\ B_z \end{pmatrix},$$

$$\begin{pmatrix} E'_z \\ B'_y \end{pmatrix} = \frac{1}{\sqrt{1-\dfrac{v^2}{c^2}}} \begin{pmatrix} 1 & v \\ \dfrac{v}{c^2} & 1 \end{pmatrix} \begin{pmatrix} E_z \\ B_y \end{pmatrix}$$

—㉒

ローレンツ変換の行列は、これまでに出てきたものと全く同じである。電場と磁場には、チャンドラセカールの言う「調和的な整合性」を示す奥深い対称性が秘められていたのである。

⑪式と同様に、電磁場も次式のように対称行列で表せる。基本となる $\boldsymbol{\Gamma}$ の形だけを覚えれば、他の変換式はすべてその変形として表せるのだ。

$$\boldsymbol{\Gamma} \equiv \frac{1}{\sqrt{1-\dfrac{v^2}{c^2}}} \begin{pmatrix} 1 & -\dfrac{v}{c} \\ -\dfrac{v}{c} & 1 \end{pmatrix},$$

$$\boldsymbol{\Gamma}^{-1} \equiv \frac{1}{\sqrt{1-\dfrac{v^2}{c^2}}} \begin{pmatrix} 1 & \dfrac{v}{c} \\ \dfrac{v}{c} & 1 \end{pmatrix} \text{と置いて、}$$

$$\begin{pmatrix} E'_y \\ cB'_z \end{pmatrix} = \boldsymbol{\Gamma} \begin{pmatrix} E_y \\ cB_z \end{pmatrix}, \quad \begin{pmatrix} E'_z \\ cB'_y \end{pmatrix} = \boldsymbol{\Gamma}^{-1} \begin{pmatrix} E_z \\ cB_y \end{pmatrix}$$ —㉓

電磁場では、ローレンツ変換と逆変換の行列が両方とも、1つの変換式に現れる。これこそが究極の対称性である。電磁場のローレンツ逆変換は次式のようになる。$(\boldsymbol{\Gamma}^{-1})^{-1} = \boldsymbol{\Gamma}$ となることを思い出そう。

$$\begin{pmatrix} E_y \\ cB_z \end{pmatrix} = \boldsymbol{\Gamma}^{-1} \begin{pmatrix} E'_y \\ cB'_z \end{pmatrix}, \quad \begin{pmatrix} E_z \\ cB_y \end{pmatrix} = \boldsymbol{\Gamma} \begin{pmatrix} E'_z \\ cB'_y \end{pmatrix}$$

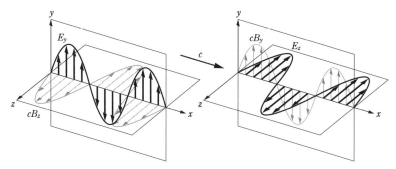

図 9-6 横波としての電磁波（慣性系 K）

アインシュタインは、マクスウェル方程式そのものが「ローレンツ不変」であることを明快に示したのだった。

㉑式で光という極限「$v \to c$」において E'_y, E'_z や B'_y, B'_z が定まるためには、右辺の分子の値がゼロ、すなわち $E_y = cB_z$, $E_z = -cB_y$ でなくてはならない。さらにローレンツ逆変換を考えれば、$E'_y = -cB'_z$, $E'_z = cB'_y$ も成り立つ。これら4つの式は、次に説明するように電磁波が満たすべき条件式である。

電磁波の実体

これら4つの条件式は、図9-6のように電磁波が進む様子を考えると、意味がはっきりする。水平右方向に x 軸、垂直上方向に y 軸、奥行き手前方向に z 軸を定める。

個別に吟味すると複雑なようだが、4つの条件式すべてに共通する法則は、次のように単純化できる。

電磁波の進行方向に向かって、電場を右に 90° 回すと磁場になる。

図を見ながら、この法則を確かめてみよう。

図9-6は、慣性系 K で x 方向に伝播する電磁波を表したものである。図の左は y 軸方向に E_y を、z 軸方向に cB_z を示し、$E_y = cB_z$ の

第9講 対称性とは——相対論の奥深い世界

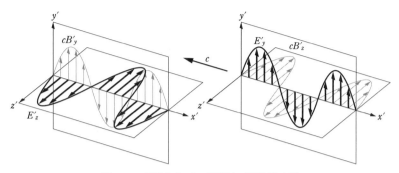

図 9-7 横波としての電磁波（慣性系 K'）

関係を満たす。図の右は y 軸方向に cB_y を、z 軸方向に E_z を示し、$E_z = -cB_y$ の関係（両者の符号が必ず逆になる）を満たす。

図 9-7 は、慣性系 K' で $-x$ 方向に伝播する電磁波を表したものである。図の左は y 軸方向に cB'_y を、z 軸方向に E'_z を示し、$E'_z = cB'_y$ の関係を満たす。図の右は y 軸方向に E'_y を、z 軸方向に cB'_z を示し、$E'_y = -cB'_z$ の関係（両者の符号が必ず逆になる）を満たす。

慣性系 K で観察される電磁波は、各成分を合成した電場 $\boldsymbol{E} = (0, E_y, E_z)$ と磁場 $\boldsymbol{B} = (0, B_y, B_z)$ が互いに直交しながら伝播する。慣性系 K' でも同様である。どちらの場合も伝播の速さは光速 c となる。

以上の考察から、電磁波の電場と磁場はどの位置と時間で見ても、常に**位相**（周期から決まる波の山や谷の位置）がそろっていることがわかる。電場と磁場が一体として横波となって伝播するのが電磁波の実体なのである。

相対論で結びつく物理量の対称性

光で成り立つような、ローレンツ変換の不変式と不変量をまとめてみる。空間と時間については、光の軌跡を表す次式が成り立つ。空間は3次元ベクトルなので $\boldsymbol{x}$ として、空間も時間も正負を取りうるので絶対

値を取る。

$$x = \pm ct, \quad |\boldsymbol{x}| = |ct| \quad \text{——} \quad ㉔$$

運動量とエネルギーについては、光の粒子性を表す次式が成り立つ。運動量は3次元ベクトルなので $\boldsymbol{p}$ として、運動量は正負を取りうるので絶対値を取る。エネルギーの符号については後述するが、ここでは正負を取りうることにしておく。

$$p = \pm \frac{E}{c}, \quad |\boldsymbol{p}| = \left|\frac{E}{c}\right| \quad \text{——} \quad ㉕$$

電場と磁場については、光の波動性を表す次式が成り立つ。電場と磁場は3次元ベクトルなので $\boldsymbol{E}, \boldsymbol{B}$ として、絶対値を取る。

$$E_y = cB_z, \quad E_z = -cB_y, \quad |\boldsymbol{E}| = |c\boldsymbol{B}| \quad \text{——} \quad ㉖$$

質量や電荷がある場合は、㉔〜㉖式の等号が成り立たないが、両辺を2乗した差を求めると、第6講⑫式や本講⑮式のようにローレンツ変換の不変量となる。㉖式についても同様に確かめてみよう（☆）。また、その他の不変量として、光速 c、固有時 τ、質量 m、電荷 q、電荷密度 ρ がある。

以上ではっきりしたように、相対論は力学と電磁気学が一体化した理論体系なのである。

負の運動エネルギー？

⑮式で示した運動量とエネルギーの不変式を c^2 で割り、⑭式を代入すると、次のようになる。

$$\left(\frac{E}{c}\right)^2 - p^2 = \left(\frac{mc}{\sqrt{1-\frac{v^2}{c^2}}}\right)^2 - \left(\frac{mv}{\sqrt{1-\frac{v^2}{c^2}}}\right)^2$$

$$= \frac{m^2c^2 - m^2v^2}{1-\frac{v^2}{c^2}} = \frac{m^2c^2\left(1-\frac{v^2}{c^2}\right)}{1-\frac{v^2}{c^2}} \quad \text{---} \quad ㉗$$

$$= m^2c^2$$

不変式に現れていた一定値は質量と光速で定まり、質量 m と光速 c がどちらも不変量であることに対応する。そのため、第 6 講⑱式で質量がローレンツ変換によって変わると考えてはいけないのだ。

ここで、㉗式からエネルギー E を解いてみよう。

$$E = \pm c\sqrt{m^2c^2 + p^2} \quad \text{---} \quad ㉘$$

もし $p = 0$ なら、$E = \pm mc^2$ となる。運動量のある一般の場合では、$E \geq mc^2$ か、$E \leq -mc^2$ のいずれかになる。第 6 講では、前者の場合のみを扱った。後者では、静止エネルギーも運動エネルギーも負になるから、㉘式はとても奇妙な式である。これは単なる数学上の対称性に過ぎないのだろうか？

現実に合わない数学の解が出たら、常識的には単に捨てればよさそうだ。ところがディラックは、㉘式の負の解を捨てなかった。その考え方こそが素粒子物理学の幕開けにつながったのである（第 10 講）。

第10講 | 素粒子とは——極微の対称性

　素粒子は、物質の最小単位である。第10講は、対称性を手がかりにして素粒子の世界に触れる。極微の世界において、自然は宇宙とは違った表情を見せる。素粒子物理学の黎明期は、初期の量子論から**量子力学**（quantum mechanics）へと展開する1920年代後半から始まる。アインシュタインの独擅場だった相対論に対し、量子力学は群雄割拠の様相だった。その中で抜きん出た才能を発揮したのがディラックだ。ディラックが相対論と量子力学の融合を目指したことで、自然の奥深い理解につながったのである。

ディラック登場

　アインシュタインが26歳で相対性理論を発表し、**ハイゼンベルク**（Werner Heisenberg, 1901-1976）が23歳で量子力学の基礎（行列力学）を築いたように、ディラックも26歳のときに「ディラック方程式」を初めて導いた。その1928年の論文では、序文に次のような言葉が見られる。

>　「残る疑問は、なぜ自然［Nature］が点電荷に満足せず、電子に対するこの特別なモデルを選ぶべきだったのかということである【P. A. M. Dirac, "The Quantum theory of the electron", *Proceedings of the Royal Society (London) A* 117, p.610 (1928)】。」

　論文中で「自然［Nature］」の意志を問うあたりに、ディラックの個性が表れている。モノポール（磁気単極子）の存在を初めて予言した論文でも、次のように述べている。モノポールとは、磁石のN極かS極

の一方だけという仮想的な粒子である(後述)。

「こうした状況では、もし自然 [Nature] がそれを使おうとしなかったのなら、驚きであろう【P. A. M. Dirac, "Quantised singularities in the electromagnetic field", *Proceedings of the Royal Society* (*London*) *A* 133, p.71 (1931)】。」

図 10-1 は、ディラックの伝記本の表紙であり、模型飛行機を手にしたディラックである。そのタイトルは、『一番の変人』であるが、科学者に変人が多いのではない。科学者の中の真の変人が偉大なのだ。

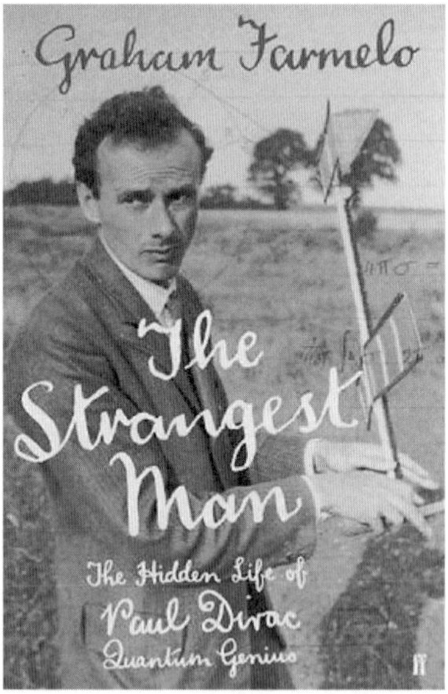

同僚によれば、ディラックは次のような印象だったという。

「長身、痩身、不格好で、口数は極めて少なかった。……[原著者による中略]一つの分野ではひときわ抜きん出ていたが、それ以外の人間活動については、関心も能力もほとんどなかった【グレアム・ファーメロ(吉田三知世訳)『量子の海、ディラックの深淵』p.164 早川書房 (2010)】。」

この描写は、シャーロック・ホームズと良く似ている。ディラックは物理学初の「諮問探偵」だったのかもしれない。

図 10-1 ディラックの伝記本 [出典:G. Farmelo, *The Strangest Man — The Hidden Life of Paul Dirac, Quantum Genius*, Fabor and Fabor (2009)]

ディラックの冒険

第9講の最後に、運動量とエネルギーの式から、静止エネルギーと運動エネルギーが共に負になるという奇妙な式が出てきた。ディラックは次のように述べている。

> 「実際には、正のエネルギーの粒子しか観測されません。したがってこのアインシュタインの公式［第9講㉘式］は実際に観測されない［負の］エネルギーの値を許容しています。さて、最初はこのことで悩む人は誰もいませんでした。単に『これらの負のエネルギーは無視して正のエネルギーだけを研究すればよい』と言っていたのです【P. A. M. ディラック（岡村浩訳）『ディラック現代物理学講義』p.36 ちくま学芸文庫 (2008)】。」

ところが、ディラックは納得しなかった。ディラックは当時の状況を次のように振り返っている。

> 「このように、量子力学を相対論と一致させることは本当に難しいのです。この困難は当時の私をとても悩ませましたが、他の物理学者が悩んでいるようには見えませんでした。どうして悩まなかったか、その理由は私にはよくわかりません【同 p.40】。」

図 10-2 は、電子の取りうるエネルギー状態を水平線で表し、負のエネルギーまで拡張したディラックのモデルである。線の間隔はエネルギー量子 $h\nu$（プランク定数 h、振動数 ν）である。第9講㉘式より、$E \geq mc^2$ か $E \leq -mc^2$ のいずれかになるから、質量 m がゼロでない限り、正の静止エネルギーと、負の静止エネルギーとの間には、図に示さ

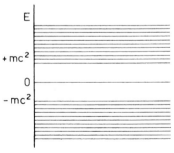

図 10-2 ［出典：『ディラック現代物理学講義』p.37 (2008)］

れたようなギャップがある。

古典力学では運動が連続的であると考えるので、このギャップを超えた移動はできない。第2講で説明したように、エネルギー E が $h\nu$ という「とびとびの値」をとる量子なら、不連続な移動に制限はなくなる。ただし、1つのエネルギー状態には、同じ種類の量子が1個しか入れない。電子は異なる内部状態（後述するスピン）を2つ持つので、同じエネルギー状態に2個まで入れる。この制限は、さまざまな原子の構造を統一的に説明するためにパウリ（Wolfgang Pauli, 1900-1958）が導入した考えで、「パウリの排他律」という。

ディラックの回想

ディラックは量子力学と相対論を結びつけて、負のエネルギーから正のエネルギーへ、またはその逆の移動が可能だと考えた。さらにディラックは、**真空**という考え方も見直さなくてはならないことに気付いた。真空とは、日常的な意味での「何もない空間」や、「1気圧よりも極めて低い圧力」といった意味ではなく、次のように考える必要がある。

> 「真空とは最もエネルギーの低い状態だと言うことができます。最もエネルギーの低い状態を得るためには、負のエネルギーの状態をすべて満たさなければなりません。［中略］真空の新しい描像は、負のエネルギーの状態がすべて占拠され、正のエネルギーの状態は占拠されていない状態だというように考えなければならないのです【同 p.44】。」

これが、「ディラックの海」と呼ばれる真空の考え方である。真空は、負のエネルギー状態の粒子で満たされた海に喩えられる。

実際の海を考えると、水中の気泡は重力と反対方向に運動するから、あたかも負の質量を持って $+mg$（上向き）の力を受けているように振る舞う（図10-3）。すると、気泡の静止エネルギーは $-mc^2$ となる。

図 10-3　水中の気泡

　もし負のエネルギー状態のどこかに「穴（空孔）」が生じたとすると、その穴は真空の状態と反対だから、正の静止エネルギーと運動エネルギーを持つことになる。これで真空の状態から現実に戻ることができる。

　同様にして、負の電荷を持つ電子で占められた真空の状態に「穴」が生じれば、反対の正の電荷と、正のエネルギーを持つ「**反粒子**」として観測されるだろう。

> 「この新しい粒子の質量はいくらでしょう。私が最初にこの着想[idea]を得たときには、対称性のために［傍点引用者］電子とまったく同じ質量を持つと思いました。しかし、この着想を推し進める勇気はありませんでした。というのは、もしこの新しい粒子（電子と同じ質量で電荷が逆）が存在するなら、実験家によって発見されていたはずだと思われたからです【同 p.45】。」

第 10 講　素粒子とは——極微の対称性

1920年代の時点で「素粒子」と考えられていたのは電子と陽子・中性子のみであり、当時の風潮は新粒子の導入に抵抗感が強かったことも災いした。**湯川秀樹**（1907-1981）が、核力の場を媒介する粒子として**中間子**（メソン）の存在を予言した1935年頃も、状況はあまり変わらなかったのである。

水素原子は、陽子1個と電子1個だけでできていて、陽子の質量は、電子の質量の1,836倍もある。中性子の存在は、1920年頃にラザフォード（Ernest Rutherford, 1871-1937）によって予言されていたが、チャドウィック（Sir James Chadwick, 1891-1974）による核反応の実験で証明されたのは、1932年のことだった。

> 「私はこれらの『空孔』は正の電荷を持つ陽子であるという着想を提唱し、なぜ電子の質量と比べてはるかに大きな質量を持つかということは未解決の問題としておくことにしました。もちろん、これはまったく私の間違いでした。大胆さが不足していたのです。まず、『空孔』は電子と同じ質量を持つと言うべきでした【同 p.45】。」

ここでディラックに迷いが生じたわけだが、これは実験家を過信したためだった。ディラック自身が「大胆さが不足していた」と回想したのは興味深い。

「反粒子」の発見

その後、ワイルやハイゼンベルク、それにパウリらは、その新粒子の質量が電子と同じはずだとディラックを説き伏せようとしたが、いずれも失敗に終わった。その中でも一番年下のオッペンハイマー（Robert Oppenheimer, 1904-1967）がディラックの説得に成功したのは、1931年のことだった【P. A. M. Dirac, "Quantised singularities in the electromagnetic field", *Proceedings of the Royal Society (London)* A 133, p.61 (1931)】。

ディラックは、やっと電子と同じ質量を持つ「空孔」が未発見の粒子であることを認めて、「**反電子**（anti-electron）」と名付けた。反電子の「反」は、電荷が反転しているという意味だ。この初めて予言された「反粒子」は、**陽電子**（ポジトロン）とも呼ばれている。

ディラックの予言通り、アンダーソン（Carl Anderson, 1905-1991）が**宇宙線**（宇宙から飛来する高エネルギーの放射線）の中に陽電子を観測したのは、翌年の 1932 年のことだった。ディラックは 1933 年に、アンダーソンは 1936 年に、それぞれノーベル物理学賞を受賞している。

宇宙線の飛跡は、水蒸気とエタノールなどの混合気体で飽和させた**霧箱**（cloud chamber）を使って観察できる。飛跡が残るのは飛行機雲と同じ原理で、飛跡に生じる空気の渦で温度が氷点下まで下がり、水分が凍って白く見えるためである。エタノールは寒剤（冷却剤）として働く。図 10-4 は、アンダーソンが初めて陽電子を観測したときのものである。

紙面に対して奥向きに、一様な磁場を掛けてある。円形の霧箱の中央を上下に貫き、弧を描いている細い線が、粒子の飛跡だ。飛跡の曲がり具合から電子の運動量を持つ粒子だとわかるが（後述）、通常の霧箱を使う限り、負電荷の電子が写真の上から下へ通過したのか、正電荷の陽電子が下から上へ通過したのかはわからない。

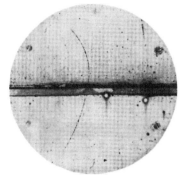

図 10-4 陽電子の発見 ［出典：C. D. Anderson, "The positive electron", *Physical Review* 43, p.492 (1933)］

陽電子の発見以前の実験では、粒子の向きに注意していなかった。つまり、電荷が逆の粒子が存在したとしても、実験家はそれをとらえる準備ができていなかったのだ。正電荷と負電荷の粒子を明確に区別する

ためには、粒子の飛跡の方向を定めなくてはならない。そこでアンダーソンは、放射線を遮蔽する効果のある鉛板を使うことを思いついた。図10-4の真ん中に水平に黒く見えるのが、鉛板である。粒子の速度が速いほど曲がり方が小さく直線的であり、鉛板を通過後は速度が落ちることを考えると、写真の下から上へ通過したことがわかる。

正電荷の粒子が磁場に対して垂直に運動するとき、進行方向に対して左横向きに力を受ける。この力は**ローレンツ力**と呼ばれ、「**右手の法則**」に従う。磁場の向きに右手の親指以外の指を向けて（複数の磁力線が4本の指に対応）、立てた右親指の方向に粒子が移動するとき、ローレンツ力は右手の掌が向く方向（手で押して「力」の入る方向）に働く。

図10-4の粒子は、飛跡が左に曲がっている。奥向きの磁場中を写真の下から上へ通過する際に左方向に力を受けるのだから、この粒子は正電荷の陽電子ということになる。これが陽電子の最初の発見となった。

なお、アンダーソンは粒子の電荷を厳密に決めるという動機から、鉛板を使う工夫をしたのであり【C. D. Anderson, "The production and properties of positrons", *Nobel Lecture* (1936)】、最初からディラックの理論的予言を実証しようとしたわけではなかったようである。当時アメリカのカリフォルニア工科大学（カルテク）にいたアンダーソンは、陽電子の確証を得た後、大急ぎで短い速報を *Science* 誌に発表した。このとき、上記の写真はまだ発表されなかった。

そのすぐ後に、イギリスのケンブリッジ大学にいたブラケット（Patrick Blackett, 1897-1974）は、宇宙線由来の粒子が霧箱内でたくさんのシャワー状に発生することを発見した。しかも興味深いことに、新たに発生した粒子は、正電荷と負電荷の電子が半々だった。これは、電磁波から電子と陽電子が対になって発生するという、「**対生成（pair production, pair creation）**」の最初の証拠となった【P. M. S. Blackett, "Cloud chamber researches in nuclear physics and cosmic radiation", *Nobel Lecture* (1948)】。

この対生成の写真は、翌1933年にアンダーソンより先に発表され

た。2つのグループが一刻を争って論文を発表したわけで、鎬(しのぎ)を削るドラマがあったのだろう。ブラケットは、1948年にノーベル物理学賞を受賞した。

その後、気化しやすい液体水素やフレオンなどを用いた**泡箱**（buble chamber）が1950年代に発明されて、高エネルギーの粒子がさらに高い精度で観測できるようになった。極微の素粒子は目で見えないが、その飛跡ならば、霧や泡として実際に「見る」ことができる。次の詩が思い浮かぶ。

「風をみた人はいなかった
風のとおったあとばかり見えた
風のやさしさも 怒りも
砂だけが教えてくれた【岸田衿子『ソナチネの木』p.9 青土社 (2006)】」

ローレンツ力の導出

先ほど説明したように、電荷を持つ粒子が磁場中を運動するとローレンツ力が働く。このローレンツ力は、電荷を持つ粒子にだけ働くような「起電力」だから、電場からの力だと考えられる。しかし、電場は掛けられていないのに、なぜ磁場だけから電位が生じるのだろうか？

さて、電線を巻いたコイルの中に磁石を入れると、磁石を入れた瞬間だけ電線に電流が流れるということを、**ファラデー**（Michael Faraday, 1791-1867）が発見している。逆に磁石を固定しておいて、電線の方を動かしてもよいが、両者が互いに静止しているときには電流が流れない。つまり、磁場に対して電荷を持つ粒子や導体（電気を伝える物体）の相対運動があれば、電場が生じる。

相対論的なアンペールの法則（第9講）では、電場に対する相対運動だけで磁場が生じたことを思い出そう。電磁場の「対称性」を考えると、磁場に対する相対運動だけで電場が生じると予想できる。ローレンツ力がローレンツ変換で「自然に」導けることを、次に示そう。

慣性系 $K(x, y, z, t)$ に対して、x 方向に相対速度 v で運動する粒子上に、慣性系 $K'(x', y', z', t')$ を考える。電荷 $+e$ を持つ粒子は、慣性系 K で掛けられている一様な磁場（$-B_z$ 方向）を受け、その磁場に対して垂直に運動する。第 9 講㉑式において、電場 $\boldsymbol{E} = (0, 0, 0)$ と磁場 $\boldsymbol{B} = (0, 0, -B_z)$ をそれぞれの式の右辺に代入すると、左辺がゼロにならないのは、$B'_z = -B_z$ と E'_y だけである。慣性系 K' において、y' 方向に電場から受ける力 F'_y は、次式のようになる。

$$F'_y = eE'_y = e\frac{0 - v(-B_z)}{\sqrt{1 - \dfrac{v^2}{e^2}}} = \frac{evB_z}{\sqrt{1 - \dfrac{v^2}{c^2}}} \approx evB_z \quad \text{---} \quad ①$$

$v/c \to 0$ という「古典力学の極限」では v^2/c^2 をゼロと等しいと見なしてよいため（第 5 講）、①式の分母を 1 で近似した。この力 F'_y がローレンツ力であり、粒子の速度が光速と比べて遅い場合でも働くことがわかる。

力 F'_y は y 方向であり、粒子の進行方向（x 方向）に対して常に垂直に働くので、粒子の飛跡は円軌道を描くことになる。そのため粒子の速度は変わらないので、粒子の運動は平面上の等速円運動となる。

粒子上では、①式のローレンツ力が遠心力とつり合う。遠心力は、回転半径を r として第 7 講③式で表されるから、次式のように回転半径が求められる。なお、$v_\theta = v$ として、粒子の速度 v はゼロでないと仮定する。

$$evB_z = \frac{mv^2}{r} \text{ より、} r = \frac{mv^2}{evB_z} = \frac{m}{eB_z}v \quad \text{---} \quad ②$$

②式より、粒子の回転半径 r は、その質量、速度（運動量）、電荷に加えて、磁場の強さで決まる。回転半径 r は粒子の速度 v に比例するので、速度が遅いほど r が小さくなって曲がり方が大きくなる。上で紹介したアンダーソンの実験（図 10-4）のように、鉛板を通過後は粒子の速度が落ちるため、曲がり方が大きくなることが確かめられた。

対生成と対消滅

ブラケットによる対生成の実証について説明したが、電磁波から粒子とその反粒子がペアになって生成することは、既にディラックが理論的に予言していた。陽子の反粒子である**反陽子**は、1955年にセグレ（Emilio Segrè, 1905-1989）らによって発見され、1959年にノーベル物理学賞が授与された。初めて人工的に作られた**反物質**は「反水素」であり、反陽子1個と陽電子1個でできている。

対生成の反対の現象、すなわち粒子と反粒子が反応してガンマ線（波長が短い電磁波の一種）に変化することも観測されており、**対消滅**（pair annihilation）と呼ばれる。反粒子は粒子と比べると圧倒的に数が少なく、生成したとしても、周りにある粒子と対消滅を起こして、すぐに消えてしまう。対消滅の場合、正反対の方向に同じエネルギーのガンマ線が2つ生じて、エネルギー保存則と運動量保存則の両方が満たされる。

ガンマ線が電子と陽電子を生む対生成では、陽電子がすぐに対消滅を起こすことにより、ガンマ線が2つ生じる。そうすると、その複数のガンマ線が原子核などに衝突してさらに対生成を起こす可能性があり、ねずみ算的な連鎖反応が起こることがある。

加速した電子ビームと陽電子ビームや、陽子ビームと反陽子ビームを正面衝突させると、対消滅からさらに別の種類の粒子の対生成が生じることもある。これが衝突ビーム実験であり、未知の素粒子を探索する際に利用されている。

もし最初から反物質が多数あったら、対消滅を繰り返して安定した物質は生まれなかっただろう。物質と反物質の非対称性のお陰でこの世があるのだ。

磁石を2つに切ったら……

電場と磁場は対称的であり、同等に扱えるということを、第9講の後半から本講にかけて見てきた。ただし、ミクロのレベルで考えると同

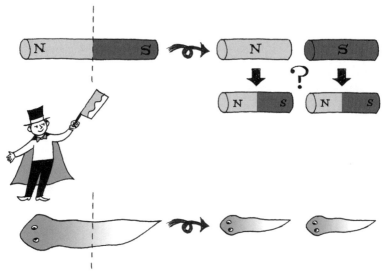

図 10-5　2 つに切ったら……

等ではなく、電荷に対応する「磁荷」は未だ発見されていない。電荷は正と負、そしてゼロという 3 つの値を取りうるが、磁荷は N 極と S 極という**磁極**の一方だけは取りえず、常に**磁気双極子**と呼ばれる磁極の対として存在している。

　棒磁石を半分にしたら、どうなるだろうか（図 10-5）。それでも 2 つの磁極に分けることはできず、N 極と S 極を両端に持つ小さな棒磁石ができるだけだ。ここまでは常識だろう。

　それでは、何故そのようになるのだろうか。これまで強調してきたように、科学的な考え方として大切なのは知識ではなく、現象の「説明」ができるかどうかなのだ。私の講義で学生に尋ねてみたところ、「N 極あっての S 極だから」と答えた人がいた。それでは全く答になっていないのだが。

　ミクロのレベルでは、磁石の中で N と S の対から成る「小さな磁石」が整然と列を成して並んでいると考えられる。そうした最小単位がさら

に分けられないならば、どこで折っても必ず両端がNとSの対になることを説明できる。

科学的な思考を柔軟にするため、プラナリアという生物を例に考えよう。プラナリアを真ん中で切ると、欠けている頭部と尾部の再生が起こって、2匹の小さなプラナリアになる。縦方向にさらに細かく、10個程度の断片に切っても、それぞれが完全な個体として再生するというから驚きだ。問題は、何故そのような再生が起こるかである。つまり、尾部が切られた場合、どうやって尾側の末端の細胞が頭部でなく尾部を作ろうとするのかを説明したい。

生物の体は細胞が並んで作られているが、頭部と尾部では細胞の種類（形態と機能）が違う。そのような違いを「**分化**」と言い、単位となる細胞の個性として説明される。磁石とは違って、頭部と尾部の対から成る「小さなプラナリア」が無数に縦に並んでいるわけではない。

モルガン（T. H. Morgan, 1866-1945）は、磁石との類推から、プラナリアの体にも「極性」があるはずだと予想した。体内の頭尾軸に沿って何らかの物質の濃度勾配があり、その値によって細胞の分化が決定されると考えたのである。

このモルガンの予想は1903年頃のことであり、その後モルガン自身が切り拓いたショウジョウバエの遺伝学によって実証された。細胞の分化に異常を示すさまざまな突然変異体が見つかり、さらに分子生物学の進歩によって、分化を決定する物質（**モルフォゲン**）が実際に同定されている【J. B. Gurdon, P.-Y. Bourillot, "Morphogen gradient interpretation", *Nature* 413, pp.797-803 (2001)】。物理の考え方も生物に直接役立ったのである。

ディラックの帰還

電子には2つの異なる内部状態（内部自由度）があると述べたが、そのような状態のことを、**スピン**と言う。古典力学の喩えでは、スピンとは電子の自転による角運動量のことであり、上向きと下向きの2

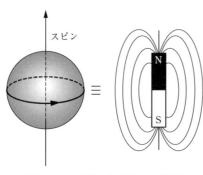

図 10-6 スピンと「小さな磁石」

状態（↑と↓）がある。プランク定数 h を 2π で割った値を単位として、電子のスピンは $1/2$ か $-1/2$ の値を取る。

図 10-6 のように、電子の自転で円状の電流が生じると考えよう。正電荷で円電流の向きを定めるとき、その電流の方向に右巻きにねじを回して進む方向を、スピンの向きと定める。

初めて「スピン」という用語を使ったのはボーアで【朝永振一郎『スピンはめぐる——成熟期の量子力学』p.68 みすず書房 (1974)】、電子の磁気的性質の基礎を与えることになった。朝永振一郎（1906-1979）が書いた『スピンはめぐる』は、当時の理論物理学者たちの考え方を活写した名著であり、1973 年の科学月刊誌『自然』（中央公論社）に連載された。それから 30 年経って、当時の編集を担当した石川昂が尽力して、詳しい注解付きの新版【朝永振一郎（江沢洋 注）『新版 スピンはめぐる——成熟期の量子力学』みすず書房 (2008)】が出版された。

パウリは、2 次元の行列（パウリ・マトリックス）を導入して、スピンを理論化しようとした。しかし導かれた方程式は、相対論的な要請（ローレンツ不変性）を満たすことができなかった【『新版 スピンはめぐる』p.60】。

ところがディラックは、相対論を満たすディラック方程式に対して 4 次元の行列（ディラック・マトリックス）を導入して、スピンや電子の磁気的性質を「極めて自然に」導くことに成功した。ディラックは、「だから私は最も簡単な場合にスピンが入ってくるのを発見したとき驚いたのである【同 p.70】」と述べている。朝永振一郎は、次のように書いている。

「こういうディラックの思考の型を、パウリはしばしばアクロバットのようだと言っていたそうですが、ディラックのこの仕事は、彼のこの特徴をもっともはっきりと見せてくれたものだと言えそうです【同 p.71】。」

こうして 20 世紀初頭の物理学は、古典論との対応に支えられた量子論を脱皮して、「スピン」などの抽象的な概念に基づく量子力学へと移行したのだった。今や磁気双極子の実体は、電子や原子核のスピンとして理解される。原子核のスピンは、**MRI**（磁気共鳴画像法）の基礎にもなっている。

図 10-6 のように、スピンによって円電流が発生し、この電流が磁場を生むため、「小さな磁石」として振る舞うと考えられる。このようなスピンを小さな磁石と見なせば、1 つの粒子を N と S の対に分けることは原理的にできないと納得される。

それでもディラックは、電磁気現象の対称性に対する信念から、N と S が分かれて単独になった**モノポール**（磁気単極子）が存在するはずだと考えた。磁荷の最小単位である「**素磁荷**」の値は、プランク定数 h（第 2 講）と素電荷 e（第 9 講）の比、すなわち h/e の整数倍であると予言されている。

たとえ素磁荷 N と S があったとしても、すぐに両者が結びついて磁気双極子を作ってしまうから、一方の極性のみを持つ粒子が単独で存在しない限り、磁気単極子の発見は難しい。このディラックの予言はまだ実証されていない。

不連続な変換

ローレンツ変換は連続的な変換であり、時間軸と空間軸を徐々に傾けていくような連続性がある。ところが、陽子と反陽子のような関係では、その中間的な粒子は自然界に存在しない。両者の中間にあたる電荷ゼロの中性子は、質量などが異なるのだ。ある粒子に対して**電荷反転**を

施せば、質量や寿命などの物理的性質はすべて同一に保たれる。この電荷（charge）の反転操作のことを、頭文字「C」で表す。

電荷反転のような不連続な変換には、他に時空に関するものがある。**空間反転**とは、3次元の座標すべてに -1 を掛ける変換であり、原点に対して点対称となる。3次元の座標の1つだけに -1 を掛ける変換は、残る2つの座標軸が作る平面に対する**鏡映反転**であり、面対称となる。

鏡映反転に関連して、体などを平面鏡に映したときに何故左右が反対に見えるのか、という古典的な問題がある。実際は、鏡と正対する「前後」が反転するだけで、左右や上下は反転しない。鏡に映った像を「裏返し」だと感じる場合に、左右が反対に見えるだけだ。

粒子の状態を表す関数が、鏡映反転に対して符号を変えないとき、**パリティ**（parity）が $+1$ であると定義する。逆に、鏡映反転に対して符号を変えるとき、パリティは -1 である。例えば、陽子や中性子のパリティは $+1$ で、π 中間子のパリティは -1 である。この空間（1軸）の反転操作のことを、頭文字「P」で表す。

もう1つ不連続な変換として、過去と未来を表す時間軸を反転させる**時間反転**がある。この時間（time）の反転操作のことを、頭文字「T」で表す。以上紹介した反転操作では、同じ操作を2回続けて行うと必ず元に戻る。

物理法則は C、P、T というそれぞれの反転操作に対して、基本的に不変だと考えられてきた。なお、3つの変換を同時に行えば、物理法則は常に不変となることが証明されている。これが **CPT 定理**であり、パウリとルーデルスが1954年から翌年にかけて独立して証明した。ただし、CPT 定理では粒子が点だと仮定されており、さらなる検証が必要である。例えば、もし粒子と反粒子の質量が等しくなければ、CPT 定理が破れることになる【K. P. Jungmann, "Matter and antimatter scrutinized", *Nature* 524, pp.168-169 (2015)】。CPT 定理は、素粒子の対称性に関する最も基本的な試金石なのである。

パリティの破れ

ウランから出る放射線の正体がわからなかった頃、暫定的にアルファ線、ベータ線、ガンマ線と分類された。後に、アルファ線はヘリウム原子核、ベータ線は電子、そしてガンマ線は電磁波であることがわかった。

ベータ線（電子）を放出する「**ベータ崩壊**」では、原子核の中で中性子が陽子へ変化するとき、電子が放出される。その過程では、電磁力（第9講）よりもはるかに弱い力が働くと考えられており、**弱い相互作用**と呼ばれる。

電磁力と強い相互作用（第9講）では、電荷保存則（第9講）とパリティの保存則が実験でよく確かめられている。例えば、次のような強い相互作用が働くときの変化を見てみよう。

$$\pi^+ + n \rightarrow \pi^0 + p$$

つまり、正電荷を持つπ中間子が中性子（n）と衝突すると、電荷ゼロのπ中間子と正電荷を持つ陽子（p）に変わる。まず、衝突前と衝突後の電荷の総和は、$(+e) + 0 = 0 + (+e)$であり、電荷保存則が成り立つ。

一方、パリティでは、複数の粒子を扱うときに掛け算で合成する。衝突前と衝突後のパリティは、$(-1) \times (+1) = (-1) \times (+1)$であり、パリティ保存則が成り立つ。

ところが弱い相互作用では、パリティが保存されるという証拠が全くないということをヤン（C. N. Yang, 1922-）とリー（T. D. Lee, 1926-）が1956年に初めて指摘した。

実は彼らはその直前まで、パリティは保存されると主張していたのだが、考えを改めたのだった。そして、そのわずか半年後に、パリティが保存されないことが実証された。この発見は「**パリティの破れ**」と呼ばれ、自然界の対称性が法則として破れうるという意味で、大きな衝撃を与えた。ヤンとリーは、この仕事により1957年にノーベル物理学賞を

受賞している。

　ヤンの講演を、私は大学 1 年生のときに学習院大学で聴いたことがある。演題は『場と対称性——20 世紀物理学の基礎概念』というもので、エルステッドの電磁現象の発見から始まって、ファラデー、マクスウェル、そしてアインシュタインの場の理論を紹介し、ヤンとミルズ（Robert Mills, 1927-1999）が 1954 年に発表した「非可換ゲージ理論」とその発展に至る話だった。ヤンの透徹した話し方、知的なエネルギー、そして科学への憧憬を掻き立てる精神性は、今なお鮮明に蘇る。圧巻はアインシュタインの発想の解説であった。当時（1983 年）の講演録からその部分を引用しよう。

　「実験で検証されているマクスウェル方程式から始めて、この方程式の対称性について問う代わりに、アインシュタインは発想を逆転させて、対称性から始めて方程式がどうなるのかを問うたのです。元の役割を逆転させるこの新しい方法を、『対称性は相互作用を指図する』と私は言っています。この新しい方法で対称性を考慮することは、基本的な相互作用の原理となっているのです。それは、確かに 70 年代と 80 年代の基礎物理学の主要な研究テーマであります【『全学講演会の記録 No. 2』pp.34-35（英語より和訳）学習院大学 (1984)】。」

ヤンは、対称性についてさらに次のように述べている。

　「何故、自然は力を構成する指針のために、対称性を選んだのでしょうか？　その根本的な理由とは何でしょうか？［中略］
　　私が多くの同僚たちと共に信じることは、基本的な新しい考え方［ideas］が、対称性という概念のさらなる深化につながりそうだということです。それは、これまで探究されてこなかった方向でありましょう【同 pp.36-37】。」

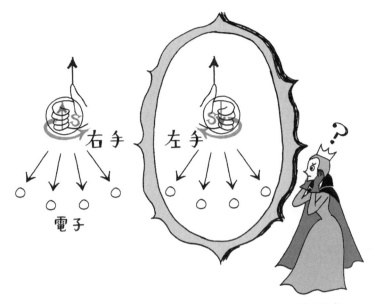

図 10-7 パリティの破れ（コバルト 60 の原子核の運動方向を親指で表し、スピンの回転方向を親指以外の指で表す）

ワイルのゲージ場理論（第 9 講）は可換対称性に基づいていたのだが、ワイルの理論を非可換対称性に拡張したのがヤンとミルズの理論だった。その非可換ゲージ理論は、1970 年代に「**超対称性（supersymmetry, SUSY）**」を持つ形でさらに発展を遂げた。スピンが整数である粒子（ボソン）と、スピンが半整数（$1/2, 3/2, 5/2, \cdots$）である粒子（フェルミオン）を入れ替えるときの対称性を、超対称性と呼ぶ。ヤンは、超対称性理論が 1 つの重要な方向だと考えていたのだろう。

パリティの破れに戻って、ウー夫人（C. S. Wu, 1912-1997）による実証の様子を見てみよう（図 10-7）。コバルト 60（原子量 59 のコバルトの放射性同位体）の原子核からは、そのスピンの向き（図中の S という矢印）とは逆方向にのみ電子が放出されることが観測された。この様子を鏡に映すと、スピンの回転方向が逆になるから、スピンの向きも

逆転する。そうすると、鏡像のコバルト 60 は、そのスピンの向きと同じ方向に電子を放出することになるが、そのようなことは起こらない。つまり、ベータ崩壊で電子が放出される方向に偏りがあるという事実から、パリティは破れていると結論できるのである。

その後、電荷 C とパリティ P の変換を同時に行った場合でも、対称性が満たされないような **CP の破れ** が実験で見つかった。自然の神様は利き手を持っているらしい。

クォークの発見

1960 年代までに、中間子のように原子よりも小さな粒子が 100 種類以上見つかった。1964 年にゲル゠マン（Murray Gell-Mann, 1929-）は対称性を手がかりに粒子を分類して、そうした粒子を構成する、より基本的な「素粒子」として、「**クォーク**」を提案した。ゲル゠マンは 1969 年にノーベル物理学賞を受賞している。

1972 年になって益川敏英（1940-）と小林誠（1944-）は、当時知られていた 4 種類のクォークでは CP の破れが説明できず、最低 6 種類のクォークが必要であることに気付いた【益川敏英『現代の物質観とアインシュタインの夢』p.99 岩波科学ライブラリー (1995)】。こうして、クォーク・モデルを含む**標準モデル**（standard model）が確立したのである。2 人は、2008 年のノーベル物理学賞を受賞した。

標準モデルによれば、電子は素粒子だが、陽子や中性子はクォーク 3 個から成る**複合粒子**と見なされる。6 種類あるクォークの電荷は、いずれも $e/3$ の整数倍（$+2e/3$ または $-e/3$）である。つまり素粒子には、クォークと電子に加えて、次に説明するニュートリノ、ゲージ粒子、ヒッグス粒子が含まれる。

ただし、クォークを単独で外に取り出して観測することは、原理的にできないと考えられている。それは、「クォークの閉じ込め」という現象があって、クォーク同士を引き離そうとすると、クォークと反クォークが対生成して新たなペアを組んでしまうからである。6 種類のク

ォークの存在は、高エネルギーの粒子を衝突させて生じる複合粒子の中から、それぞれのクォークを含むような複合粒子の新たな発見により、1995年までにすべて実証された。

ニュートリノ天文学の誕生

ベータ崩壊で放出される電子は、さまざまな運動エネルギーの値を取ることが実験でわかっている。謎が解けるまで、これはとても奇妙な現象だった。

中性子は陽子より0.1％ほど重く、陽子と電子に変わるときの質量差が、「質量とエネルギーの等価則」$E = mc^2$（第6講）に従って、運動エネルギーとして陽子と電子に配分される。崩壊前に原子核が静止していたならば、運動量保存則から、陽子と電子の速さはそれぞれの質量に逆比例する。したがって、電子の運動エネルギーは一定値にならないとおかしい。

パウリは、この矛盾を解決するために、電荷を持たない仮想的な粒子が同時に放出されると考えた。一方ボーアは、未知の粒子を導入するくらいなら、ベータ崩壊でエネルギー保存則が破れてもよいと考えた。どちらも極めて大胆な考え方であり、両者の個性が表れていて面白い。

軍配はパウリに上がった。パウリが考えた仮想的な粒子とは、後に発見された**ニュートリノ**だったのだ。この粒子は常に中性的な（neutral）電荷を持つことから、中性子（neutron）と区別して、ニュートリノ（neutrino）と命名された。

1987年2月23日に大マゼラン雲の**超新星爆発**（supernovae）の輝きが地上で観測されたとき、この16万光年彼方から同時に放出されたニュートリノは、幸運にも「カミオカンデ」で捉えられた。カミオカンデは神岡鉱山に作られた巨大な観測装置で、3千トンの純水と、千本の光電子増倍管（高感度の光検出器）からなる。

超新星爆発は夜空に明るい星が忽然と現れる現象だが、重い恒星の最後の姿であって、それ自体は「新しい星」ではない。また、超新星爆発

は100年に1-2回くらいしか観測できない。カミオカンデの装置は前年の暮れまではノイズに悩まされていた。しかも、当時の観測チームを率いていた小柴昌俊（1926-）は、翌月に定年退官を控えていた。この絶妙なタイミングで生じた超新星爆発は、まさに青天の霹靂であった。

カミオカンデでのニュートリノ観測は、新しい「ニュートリノ天文学」の幕開けとなり【小柴昌俊『ニュートリノ天体物理学入門——知られざる宇宙の姿を透視する』講談社ブルーバックス (2002)】、強運の持ち主である小柴先生は、2002年のノーベル物理学賞を受賞した。

ニュートリノ振動の発見

ニュートリノには、電子ニュートリノ・μニュートリノ（ギリシャ文字ミュー）・τニュートリノ（ギリシャ文字タウ）の3種類があることが実証されている。1962年には、牧二郎（1929-2005）、中川昌美（1932-2001）、坂田昌一（1911-1970）が、もしニュートリノに質量があるならば、異なる種類のニュートリノが互いに入れ替わるという現象を予言した。この現象が**ニュートリノ振動**である。しかし、素粒子の標準モデルでは、ニュートリノの質量がゼロだと仮定されており、それが「常識」だと長らく信じられていた。

地球の大気で生じるニュートリノを調べていた梶田隆章（1959-）らは、地球の裏側の空で生じて地球を貫通して地下から届くμニュートリノの割合が、カミオカンデの上空から来るμニュートリノと比較して少なすぎることに気付いた。この1986年秋の発見が、ニュートリノ振動の検証実験の原動力となった。地球を貫通している間にニュートリノ振動が起きるため、平均すると半数くらいがμニュートリノからτニュートリノに変わるのではないかと考えられたのだ。この現象は、「大気ニュートリノ欠損」と呼ばれている。

ただ、当時の懐疑的な見方を覆すためには、観測結果の高い精度が求められた。多くの人々の尽力でカミオカンデの約20倍の規模を持つ「**スーパーカミオカンデ**」が1996年に稼働を始め【戸塚洋二『戸塚

教授の「科学入門」——$E = mc^2$ は美しい！』pp.176-190 講談社 (2008)】、1998年にニュートリノ振動が実証された【梶田隆章『ニュートリノで探る宇宙と素粒子』pp.145-149 平凡社 (2015)】。ニュートリノの質量は、ゼロではなかったのである。

　スーパーカミオカンデのさまざまな困難を乗り越え、観測チームを率いた戸塚洋二（1942-2008）は、2008年に惜しくも他界した。梶田は2015年のノーベル物理学賞を受賞して、次に重力波の研究を目指している。このノーベル賞が十年余り早かったら、牧、戸塚、梶田の共同受賞となったはずだ。

4つの力

　基本的な「場の力」である、強い相互作用・電磁力・弱い相互作用・重力を総称して、**4つの力**と呼ぶ。重力以外の3つの力は、ゲージ理論で統一的に説明することができ、「大統一理論」と呼ばれる。アインシュタインとワイルの悲願だった重力と電磁力の統一場理論が未完成であるため（第9講）、4つの力をすべて統一することはまだ実現していない。

　ゲージ場を媒介する粒子が「**ゲージ粒子**」で、その質量はゼロである。強い相互作用は**グルーオン**（クォークを結びつける粒子で、単独では存在できない）が媒介し、電磁力は光子、弱い相互作用は**ウィークボソン**、重力は**グラヴィトン**（重力子）が担っている。

　超対称性理論の1つである「**超ひも理論（超弦理論, superstring theory）**」は、1次元の「ひも」や2次元以上の「膜（面, membrane）」のさまざまな状態によって、素粒子を統一的に記述する。「ひも」を使うことでエネルギーが1点に集中せずに済むため、量子重力理論で大きな壁となっていた無限大の問題がうまく回避できる【川合光『はじめての＜超ひも理論＞——宇宙・力・時間の謎を解く』p.116 講談社現代新書 (2005)】。

　さらに、超ひも理論を宇宙論に用いることで、宇宙が膨張と収縮を繰り返すという「サイクリック宇宙論」が再び新たな観点から議論される

ようになった【P. J. スタインハート & N. トゥロック（水谷淳訳）『サイクリック宇宙論——ビッグバン・モデルを超える究極の理論』pp.173-189 早川書房 (2010)】。我々の宇宙は、果たしてどんな未来に向かっているのだろうか。

対称性の自発的破れ

自然現象では、本来あった対称性が破れることがありうる。日常の一例として、中華料理店の大きな円卓を考えよう。円卓には、各自のナプキンや箸などが整然と対称的に（点対称）並べられている。席に着くと、左右のナプキンのどちらが自分のものか、迷うことがあるだろう。そこで誰かが自発的にナプキンを取ると、他の人のナプキンは自動的に決まる。その結果として、左右の非対称性が生じることになる。

次に、図 10-8 のような棒を考えよう。最初は棒の形はもちろん、その分子配列のレベルまで対称的だったとしよう。そこで上から少しだけ力を加えると、棒は縦に縮む。ここまでは対称的である。

次に、さらに大きな力で棒を押したなら、ある一方向に棒がたわむだろう。360°の向きの中で特定の方向にだけ棒がたわんだということは、自然に（自発的に）方向の非対称性が生じたことになる。これが「**対称性の自発的破れ（対称性の力学的破れ）**」である。

ペンをペン先で垂直に立てた場合も同様である。立てた直後は対称的でどの方向にも偏ってはいないが、極めて不安定な状態にある。その後、ペンが倒れると安定な状態になるが、ある特定の方向に倒れたために、非対称性が生じる。

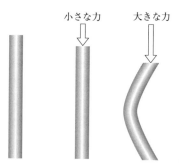

図 10-8 ［出典：Y. Nambu & G. Jona-Lasinio (2008), http://www.nobelprize.org/nobel_prizes/physics/laureates/2008/nambu-slides.pdf］

人間の脳は、こうした対称性と、その破れの両方が認識できる。均衡が破れたときに感じられるバランス感覚は、美的感覚にも関係しているだろう。また、対称性が破れたときに、消えゆくものへの一種の「はかなさ」を感じることもある。対称性とは、脳における「調和の霊感」なのだろうか。

質量の起源

　南部陽一郎（Yoichiro Nambu, 1921-2015）は 1960 年に、超伝導理論からの類推から、「対称性の自発的破れ（spontaneous symmetry breaking, SSB）」を素粒子理論に初めて導入した。**超伝導**とは、金属などの温度を下げていくとき、ある臨界温度より低い温度では電気抵抗がゼロになる現象である。超伝導状態では、電子を表す波動関数の対称性が自発的に破れて、位相（周期から決まる波の山や谷の位置）が揃うことが原因になっていると考えられている。

　南部は、素粒子理論とは一見関係がないように思える超伝導理論に、奥深い共通性を見出した。これが「セレンディピティ（serendipity, 思いがけないひらめき）」となった。南部は次のように語っている。

「もちろんそれまであらゆることをやっているのですが、ヒントとかは突然やってくるものです。何故かというのはなんとも言えませんがね。24 時間、寝ている時も絶えず頭の中で考えている…。［中略］
　細かい計算をしている時には大局を見ることができない。そこだけしか見えていないですからね。そういう時は、横になって考えてみるんです。そうすると大局が見えてきて、考えやすい。するとふっと数式が浮かんでくるんです【南部陽一郎「自然の現象を追いかけて」ひっぽしんぶん 8, p.5 言語交流研究所 (2003)】。」

　この「絶えず頭の中で考えている」ということを、パスツール（Louis Pasteur, 1822-1895）は「構えのある心（the prepared mind）」と呼んでいる。

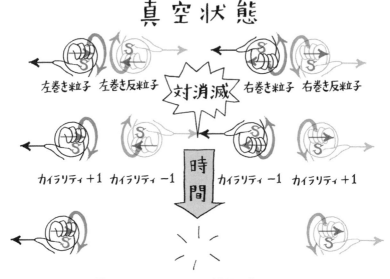

図 10-9　カイラリティ対称性の自発的破れ

　南部は、「カイラリティ（chirality）」という物理量を導入した【南部陽一郎『クォーク 第 2 版——素粒子物理はどこまで進んできたか』pp.218-221 講談社ブルーバックス (1998)】。質量ゼロで 2 つのスピン状態を持つ粒子に対して、粒子の運動方向に対して左巻き（運動方向に左手の親指を立てると、親指以外の指が向く方向がスピンの回転方向となる）のスピン状態をカイラリティが +1 であると定義する。逆に右巻き（運動方向に右手の親指を立てると、親指以外の指が向く方向がスピンの回転方向となる）のスピン状態は、カイラリティが −1 である。反粒子に対しては、粒子のカイラリティを −1 倍する。例えば、左巻き反粒子のカイラリティは −1 である。

　カイラリティとは、もともとギリシャ語の「手」に由来し、右利き・左利きを区別するという意味である。化学で扱う鏡像異性体を日本では「キラリティ」と言うが、物理ではそれとは違った意味で、「カイラリテ

ィ」（英語読み）と呼んでいる。

　なお、スピンの向きは回転方向に対して右巻きに定めるので、左巻きの粒子と反粒子は、運動方向がスピンの向きと逆になる。また右巻きの粒子と反粒子は、運動方向がスピンの向きと同じである。

　本講の冒頭で説明したように、真空とは最もエネルギーの低い状態である。真空状態では、質量ゼロの粒子と反粒子が同数あることで、カイラリティの対称性が保たれている（全カイラリティがゼロ）。ここでもし対消滅が起きたならば、自発的に対称性が破れることになる。宇宙の始まりには、実際にそうした変化があったと考えられているのだ。

　このことを、図10-9で説明しよう。真空状態でカイラリティが+1の粒子・反粒子と、−1の粒子・反粒子が同数あるとする。これが**カイラリティ対称性**である。対生成で生じた粒子と反粒子のペアは、図の左2つと右2つそれぞれのように、運動方向が逆になっている。

　ここで、周りの粒子と反粒子で対消滅が生じたとする。例えば、共にカイラリティが−1の左巻き反粒子と右巻き粒子が対消滅を起こしたとしよう。すると、消滅後には左巻き粒子と右巻き反粒子（どちらもカイラリティが+1）が残り、全カイラリティが+2となる。つまり、全カイラリティがゼロでなくなり、全カイラリティの保存則が破れることになる。これがカイラリティ対称性の自発的破れである。

　南部は、カイラリティ対称性の自発的破れが生じることは、質量ゼロの粒子が質量を持つようになることと同等だと考えた。相対論の要請で、光速で運動する粒子は質量がゼロであることを思い出そう。一方、光速より遅い粒子は、そのエネルギーと運動量で定まる質量を持つことになる（第9講⑭式）。

　粒子が質量を持つようになって光速以下で運動すると、観測者の速度によってカイラリティが変わる。なぜなら、カイラリティが+1の左巻き粒子より速い速度を持つ慣性系から見ると、粒子の進行方向が相対的に逆になって、右巻きのスピン状態、すなわちカイラリティが−1となるからである。このことは、全カイラリティが保存されないことと同値

である。

　以上の推論から、カイラリティ対称性の自発的破れは、粒子が質量を持つことと同等ということになる。なお、カイラリティは観測者との相対速度で決まるのであって、観測者の位置には関係ない。つまり、追い越しても追い越さなくてもカイラリティは同じである。

　前述のように、ゲージ場を媒介する「ゲージ粒子」は質量がゼロである。対称性の自発的な破れのアイディアを用いて、ゲージ場に質量を持たせる方法が、ヒッグズ［「ズ」が正しい英語読みである］（Peter Higgs, 1929-）、そして独立にブロウト（Robert Brout, 1928-2011）とアングレール（François Englert, 1932-）によって、1964 年に提案された。

　物質粒子に質量を持たせるための補助的な場が「**ヒッグズ場**」である。ヒッグズ場で満たされた真空中に粒子があると、粒子がヒッグズ場から抵抗を受けて、粒子の速度が光速より遅くなると考えるのだ。ただし、どのような質量が現れるか予言できない点が未解決の問題として残されている。

　ヒッグズ場を媒介する**ヒッグズ粒子**は、標準モデルが予言した粒子（クォークなど）の中では、一番最後まで実証が遅れた。そのヒッグズ粒子は 2012 年にやっと発見されて【浅井祥仁『ヒッグス粒子の謎』pp. 117-119 祥伝社新書 (2012)】、ヒッグズとアングレールに 2013 年のノーベル物理学賞が授与された。

　南部は、シカゴ大で行った 2008 年のノーベル物理学賞受賞講演を次のように締め括っている。

> 「今日では、SSB［対称性の自発的破れ］の原理は、物理の基本法則は多くの対称性をもっているのに現実世界は何故これほど複雑なのか、を理解するための鍵となっています。基本法則は単純ですが、世界は退屈でない。なんと理想的な組み合わせではありませんか【南部陽一郎（江沢洋編）『素粒子論の発展』p.4 岩波書店 (2009)】。」

第11講 | 原子論とは──力学的決定論から確率論へ

　第11講では、熱力学と分子運動論の勘所を紹介する。熱エネルギーやエントロピーをめぐる劇的な発展をたどり、基本的な考え方を総覧することで、目に見えない対象を捉える考え方の典型がわかる。そこでは、**熱や温度という巨視的（マクロ）な捉え方**と、**分子の運動を考慮した微視的（ミクロ）な視点**の両方が必要となる。前者が熱力学にあたり、後者が原子論や分子運動論に対応する。力学的に決定されるはずの分子運動は、どのようにして確率的に捉えられて巨視的な量と結びつくのだろうか。

熱力学とは

　熱は熱エネルギーとも呼ばれ、気体・液体・固体を問わず物体間で移動する。熱の量のことを、**熱量**と言う。エネルギーが移動することなしに、熱量を直接測ることはできない。

　これに対して**温度**は、熱に関係した「物体の状態」を表す物理量である。日常的には、「熱がある」とか「カップが熱い」というように、体温（平熱）を基準として、熱の移動に伴う皮膚感覚（温覚と冷覚）で温度が捉えられるが、熱（熱量 Q）と温度（T）は、独立した物理量としてはっきり区別される。

　熱に関する物理学の一分野を**熱力学**と言う。熱力学とは、「熱の関与する現象のなかから個々の物体や物質の熱的特性に関係なく成り立つような一般的法則を取り出して論ずる理論体系【朝永振一郎『物理学とは何だろうか 上』p.181 岩波新書(1979)】」である。

　物体は人と同様、熱しやすく冷めやすいものや、そうでないものなど、さまざまである。しかし、熱力学はそうした個々の物体の性質の違

いを扱うことはしない。むしろ、個別の特性を捨てたからこそ、熱という普遍的な現象が捉えられたのだ。そうした熱力学には、次のような暗黙の了解がある。

> 「熱力学においては、熱の本質については何も考察しない。この熱の本質の問題は、気体運動論において初めて取り扱われ答えられるものなのである【パウリ（田中實訳）『パウリ物理学講座3 熱力学と気体分子運動論』p.11 講談社 (1976)】。」

　力学が「力」や「質量」の本質（例えば、なぜ遠隔作用が働くのか）に深入りしないまま発展したように（第7講）、熱力学では「熱」や「温度」の本質（実体）に触れないのだ。数学では、扱う対象の定義をせずに論じることはほとんど無意味だから、そうした物理の考え方は独特だと言えるだろう。

熱平衡と準静的過程

　ここで、熱力学の主要な用語について予め説明しておこう。まず、**熱平衡**とは、時間が十分経って、対象とする系全体の巨視的な物理量（温度、圧力、体積など）が変化しなくなった状態を指す。例えば、暖房か冷房をつけて部屋の温度が落ち着いたとき、熱平衡に達したと考えてよい。

　熱平衡に達するまでの変化のさせ方には、主に3種類の過程がある。

　第1は**不可逆過程**で、何らかの変化を残さない限り、元の状態に復元できない過程を指す。例えば、熱の伝導は不可逆過程である。

　第2は**可逆過程**で、何の痕跡も残さずに元の状態に復元できる過程である。復元できれば、途中で同じ過程を逆行しなくても良い。暖房や冷房を切って放置すれば元の室温に戻せるから可逆だが、暖房や冷房をつけたときより時間がかかることからわかるように、同じ過程を逆行してはいない。

第3は**準静的過程**で、時間を十分かけて熱平衡に近い状態を保ちながら、「じわじわと」行う可逆過程である。途中で同じ過程を逆行可能なままにして、温度などがほとんど変化しないように均衡を保ちながら、状態を徐々に変化させるのだ。

　この「じわじわと」という言葉は、朝永先生が好んで用いた大和言葉の1つで、自らの理論を「くりこみ理論」と名付けたセンスに通じる。そうした響きの親しみやすさが災いして、大学の掃除のおばさんが「くみとり理論」と間違ったとのことである。

カルノーの定理

　熱力学の基礎を築いたのは、フランスの**カルノー**（Sadi Carnot, 1796-1832）だった（図11-1）。若くしてコレラで亡くなったカルノーは、1824年に唯一の著作である、『火の動力、および、この動力を発生させるに適した機関の考察』を遺した。

　熱エネルギーを部分的に仕事に変える装置のことを、**熱機関**と呼ぶ。「**カルノー・サイクル**」と呼ばれる熱機関は、**等温過程**（熱量の変化があり、温度の変化はゼロ）と、**断熱過程**（温度の変化があり、熱量の出入りはゼロ）という2つの準静的過程を交互に繰り返すもので、最も効率良く仕事をする理想的な装置である。ここで「サイクル」とは、巨視的な状態（温度、圧力、体積などの値）が最初に戻って、同じ変化が繰り返されることを表したものである。

　この理想的なカルノー・サイクルの存在を仮定しながら、カルノーは「一般的な命題」として、次のように

図11-1 カルノー

述べた。

> 「熱の動力［仕事］は、それを取りだすために使われる作業物質にはよらない［水や油など、何でも良い］。その量は、熱素が最終的に移行しあう二つの物体の温度だけできまる［高温と低温の両方が必要］。ここで、動力を発生させる方法［カルノー・サイクル］はいずれも、可能な限りの完全さに達しているものとしなければならない【カルノー（広重徹 訳・解説）『カルノー・熱機関の研究』p.54 みすず書房 (1973)】。」

　この命題（**カルノーの定理**）は、実験に基づく基本的に正しい推論であったが、「**熱素**」を仮定した点だけが誤りであった。そのために、この推論全体が誤りであるかのような誤解を招く結果になってしまった。

「熱素」をめぐる論争
　「熱素」をめぐる論争の前には、フロギストン（燃素）という説があった。この説によれば、物体が燃えると、フロギストンなる「物質」が物体から放出されるという。なおフロギストンは、ギリシャ語の「燃える」という意味に由来する。

　フロギストン説に疑問を感じた**ラボアジェ**（Antoine-Laurent de Lavoisier, 1743-1794）は、燃焼とは空気中の酸素が結びつく現象だと正しく指摘した。一方でラボアジェは、熱が「熱素（カロリック）」という重さのない（！）元素だと1787年に述べた。落下する水と同様、熱素は減ることなく移動し、常に保存されると考えられたのだ。

　これを受けてカルノーは、川の水の流れとの類推から、水の量は熱素の量に、水位の差は温度差に対応すると考えた。カルノーは次のように述べている。

> 「水の落下の動力［仕事］は、その高さと液体の量とに依存するが、

熱の動力も同様に、使われる熱素の量と、以下でいわば熱素の落差と呼ぶことにする量、すなわち、熱素を交換しあう物体のあいだの温度差、とに依存する【同 p.50】。」

熱機関を水車のように喩えることは正しかったのだろうか？　水の落差によって位置エネルギーの差が生じるので、水自体は減ることなく、位置エネルギーの差が仕事に変わるわけだ。しかし、熱自体がエネルギーなら、熱から仕事に変化した分は減るはずである。「仕事に使われた熱量は減るはずだ」というジュール（James Joule, 1818-1889）の批判は正しい指摘であったが、カルノーの定理と熱素をめぐる問題を解決するものではなかった。

熱力学の第1法則と第2法則

こうした困難を見事に解決したのは、ドイツの**クラウジウス**（Rudolf Clausius, 1822-1888）だった（図11-2）。熱力学の真打ち登場である。

クラウジウスは「熱素」の存在自体を否定する一方で、互いに補い合う2つの原理を基礎として、カルノーの定理と熱理論の根幹を維持した。この2つの原理は、**熱力学第1法則**と**熱力学第2法則**と呼ばれる（次頁）。

物理学にこれほど重要な貢献をしたにもかかわらず、クラウジウスの名前は理科を学ぶ学生の記憶に残っていないようである。これは数学のオイラーと同じで、理数教育の問題だと思われる。物理の教科書や参考書で、熱力学第1法則が載っているのに第2法則が省

図 11-2　クラウジウス

かれているものがあるが、それでは片手落ちである。

熱力学の第1法則と第2法則は、両者の深い関連性に気づくためにも、セットとして知っておく必要がある。また、熱力学第1法則はエネルギー保存則と同一視されることが多いが、一般のエネルギー保存則を第1法則とするなら、それは熱力学第1法則ではなく、「力学」第1法則と呼ばなければならない。

クラウジウスの理論的研究は、1850年の『熱の動力、およびそれから熱理論自体のために導き出し得る法則について』という論文で発表された。その第1章では次のように述べられている。

熱力学第1法則

「熱によって仕事が生み出されるすべての場合において、生じた仕事に比例する熱量が消費される。また、反対にこれと同じ量の仕事の消費によって同じ熱量が生み出されうる【R. Clausius, "Ueber die bewegende Kraft der Wärme und die Gesetze, welche sich daraus für die Wärmelehre selbst ableiten lassen", *Annalen der Physik und Chemie* 79, p.373 (1850)（ドイツ語より和訳）】。」

熱量の慣用的な単位は「カロリー」であり、15℃（摂氏）の水1グラムを1℃温めるのに必要な熱量を1カロリー［cal］とする。熱量を仕事に換算する値は、**熱の仕事当量**と呼ばれ、この1カロリー［cal］は4.18ジュール［J］に等しい。この換算は、熱力学第1法則によって保証されているのである。

クラウジウスの同じ1850年の論文の第2章では、次のように記されている。

熱力学第2法則

「熱はどこでも、生じている温度差を均一化し、したがってより高温の物体から、より低温の物体へ移行するような傾向を示す【同 p.503】。」

また、この第2法則をさらに発展させた1854年の論文では、次の一文が追加されている。

「関係した他の変化が同時に生じることなく、熱が低温物体から高温物体へ移ることは決してあり得ない【R. Clausius, "Ueber eine veränderte Form des zweiten Hauptsatzes der mechanischen Wärmetheorie", *Annalen der Physik und Chemie* 93, p.488 (1854)】。」

つまり、熱伝導だけで熱平衡に向かうのは不可逆過程であり、自然の摂理として時間が進む方向に対応している。

熱と仕事は等価でない
例えば、摩擦熱のように仕事がすべて熱に変えられることは、熱力学第1法則で保証される。逆に、熱の一部を仕事に変えるときにも、その変化した分については、熱量の仕事当量の換算となる。ここまでは問題ない。

ところが、他に変化を残さないようにして、つまり熱を捨てることなしに、熱をすべて仕事に変えることは、熱力学第2法則によって禁じられる。仕事から熱への変化は不可逆過程なのだ。これは第1法則に含まれていなかった重要な事実である。熱量と仕事の換算から誤解されやすい点だが、熱と仕事は等価でないのである。

先ほど述べた「熱をすべて仕事に変えることは禁じられる」ということは、次のように背理法で証明できる。仮に、低温物体から熱を取り出して、それをすべて仕事に変えられたとしよう。この仕事はすべて熱に変えられる。すると、低温物体から熱を取り出し、他の変化が生じることなくそれをすべて熱として高温物体に移すことが可能になる。これは第2法則と矛盾するから、熱をすべて仕事に変えることは不可能である。

エネルギーを与えずに仕事を永久にし続けられるような、「夢の装置」

のことを**永久機関**（perpetual motion machine）と言う。例えば電力の供給なしに回り続けるモーターのように、これは永久に運動し続ける空想の産物である。力学的エネルギーのエネルギー保存則（第6講）に反して仕事を生む装置を第1種永久機関と呼び、熱力学第2法則に反して仕事を生む装置を第2種永久機関と呼ぶ。

永久機関は、錬金術と同じように「非科学的な失敗例」である。学校で理科を学んだからには、そのことは「一般常識」になっていないといけないのだが、それほど強い印象は残っていないようである。

仕事と熱の関係を日常的な例に喩えてみよう。お金はすべて品物に替えられる。しかし、減価償却分を除かずに品物をすべてお金に換えることはできない。品物の値段が希少価値のために上がることは稀にしかなく、自分で使用した中古品を売って得をすることはほとんどない。つまり、お金と品物は等価でなく、買い物とは基本的に不可逆過程なのだ。

なお、永久機関を作るさまざまな試みが失敗したために熱力学の法則が生まれたわけでもなければ、そうした数々の失敗によって法則が証明されたわけでもない。クラウジウスは、その達見によって、カルノーの定理を熱力学の根幹に据えるための、唯一の解決策を見出したのである。

エントロピーとは

「エントロピー」とは、物体の「変化値」（ドイツ語で *Verwandlungsinhalt*）を表すギリシャ語であり、クラウジウスが1865年に初めて導入した物理量である【R. Clausius, "Ueber verschiedene für die Anwendung bequeme Formen der Hauptgleichungen der mechanischen Wärmetheorie", *Annalen der Physik und Chemie* 125, p.390 (1865)】。まず、温度は最低温度をゼロとする「**絶対温度**」で測ることにする。絶対温度の単位は、ケルビン［K］である。ただし、温度（T）がゼロの値を取ることはないと仮定する。すなわち「**絶対零度**」にはならず、T は常に正の値を取るとしよう。

ある準静的過程を、各々が一定の温度となるような個別の過程に分けて考えよう。エントロピーの変化は、各々の過程で生じる「熱量変化」を温度で割り、すべての過程で総和を取った量である。各々の過程は、$i = 1, 2, \cdots$ と番号を付けて区別する。例えば i 番目の過程の熱量変化を ΔQ_i、温度を T_i と表す。

ここで、過程に流入する熱量変化を正と定義する。過程で熱を得るとき $\Delta Q_i > 0$ であり、過程で熱を失うときは $\Delta Q_i < 0$ である。

エントロピーの変化 ΔS は、次式のように定義される。

$$\Delta S \equiv \frac{\Delta Q_1}{T_1} + \frac{\Delta Q_2}{T_2} + \cdots = \sum_i \frac{\Delta Q_i}{T_i} \quad \text{―― ①}$$

ここで Σ（ギリシャ文字シグマ）は、下に付けた添字のすべてについて「総和を取る」という記号である。

なお、外部とエネルギー（熱や仕事）のやりとりのない系のことを**孤立系**と呼び、その系内では熱が移動したり、仕事が発生したりしてもよい。逆に**開放系**とは、外部とエネルギーのやりとりのある系のことである。

エントロピーの増大則と熱的死

孤立系では、可逆過程で完全に元の状態に戻ればエントロピーに変化がなく、不可逆過程ではエントロピーが必ず増える。これが、クラウジウスの唱えた「**エントロピーの増大則**」である。

この法則を確かめるため、外部とエネルギーのやり取りがないだけでなく、内部のエネルギー（温度など）も変化しない孤立系で、不可逆過程を考えよう。不可逆過程によって、孤立系の状態が 1 から 2 に変化したとする。

これに続いて、準静的過程でこの系の状態を 2 から 1 へ戻すことを考える。状態 1 から 2 への変化が不可逆過程である以上、何らかの変化を残さない限り元の状態 1 には復元できない。そこで、準静的過程

では開放系にして、温度 T で外との熱量のやり取り（熱量変化 ΔQ）があったとする。内部のエネルギーが変化しないので、熱量変化はすべて仕事となる。

準静的過程である限り、各状態に対してエントロピーが定まる【パウリ（田中實訳）『パウリ物理学講座 3　熱力学と気体分子運動論』p.34 講談社 (1976)】。そこで、状態 1 と 2 のエントロピーをそれぞれ S_1 と S_2 とする。①式より、状態 2 から 1 への準静的過程に伴うエントロピーの変化 ΔS は次式のようになる。

$$\Delta S = S_1 - S_2 = \frac{\Delta Q}{T} \leq 0 \quad \text{---} \quad ②$$

もし $\Delta Q > 0$ なら、最初の状態 1 に戻った時点で、外から得た熱を他に変化を残さないようにしてすべて仕事に変えたことになり、熱力学第 2 法則に反する。したがって $\Delta Q \leq 0$ でなくてはならない。そこで、②式のような不等式が成り立ち、**クラウジウスの不等式**と呼ばれる。

また、$\Delta Q = 0$ が成り立つ場合は、何の痕跡も残さずに元の状態に復元できる可逆過程に限られ、状態 2 から 1 への変化では起こり得ない。そこで $\Delta Q < 0$ となる。以上のことより、②式を変形して $S_2 > S_1$ となり、孤立系の不可逆過程（状態 1 から 2 への変化）では必ずエントロピーが増大することが示された。

クラウジウスは、1865 年の論文の終わりに、次のような意味深な予言を書いている。

1) 宇宙のエネルギーは一定である。
2) 宇宙のエントロピーは最大に向かう。

宇宙の外には何もないので、宇宙全体が「孤立系」だと考えられる。したがってエネルギー保存則が成り立つから、第 1 の予想は正しい。また、エントロピーの増大則から、第 2 の予想が成り立つ。宇宙のあちこちの温度差は不可逆的に均一化に向かうわけだが、宇宙内で生じる

仕事（地球人の活動や、超新星爆発など）は不可逆的に熱に変わっていくため、宇宙はどんどん熱くなっていく。これは宇宙の「**熱的死**」を意味していて、何とも悲観的な未来論だ。

しかし、宇宙は今なお膨張を続けているので、生じた熱量を拡がった空間に捨てることができる。①式のようにエントロピー変化は熱量変化を温度で割ったものだから、熱量を捨てることはエントロピーを捨てることを意味する。そのため、宇宙は熱的死にはならないと予想される【杉本大一郎『宇宙の終焉——熱的死かブラックホールか』pp.186-187 講談社ブルーバックス (1978)】。昔、天が落ちて来るのではないかと心配した人がいたという故事があるが、宇宙が熱的死に至るのではないかと心配するのは「杞憂」だったのだ。

一方、地球温暖化の場合は、温室効果ガスの発生のために、地球で生じたエントロピーが大気圏外に捨てられにくくなっていると考えられる。地球を熱的死から救うためにも、エントロピーについて正しく理解しておきたい。

カルノーの定理の証明

クラウジウスが導入したエントロピーを使って、カルノーの定理が正しいことを証明してみよう。なお、熱量の出入りによって温度が変化しないような**熱源**を仮定する。

熱量 Q_{high} を高温 (T_{high}) の熱源から取り出して、その一部を仕事 W に変え、残りの熱量 Q_{low} を低温 (T_{low}) の熱源へ捨てるようなカルノー・サイクルを考える。熱力学第1法則より $W = Q_{high} - Q_{low}$ であり、各々の過程における熱量変化は $\Delta Q_{high} = Q_{high} > 0, \Delta Q_{low} = -Q_{low} < 0$ である。

カルノー・サイクルは準静的過程、つまり可逆過程なので、1サイクル分でエントロピー変化 ΔS が生じたとすると、そのサイクルを逆行させたときのエントロピー変化 $-\Delta S$ と等しくならなくてはならない。つまり、$\Delta S = -\Delta S$ だから、ΔS はゼロでなくてはならない。そこ

で、①式より次式が得られる。

$$\Delta S = \frac{\Delta Q_{high}}{T_{high}} + \frac{\Delta Q_{low}}{T_{low}} = \frac{Q_{high}}{T_{high}} + \frac{-Q_{low}}{T_{low}} = 0$$

$$\therefore \frac{Q_{low}}{Q_{high}} = \frac{T_{low}}{T_{high}} \quad \text{――} \quad ③$$

実は、この推論を逆にたどって、クラウジウスはエントロピーという考え方に達したのだった。

ここで、カルノー・サイクルの**「効率」**η（ギリシャ文字イータ）を、取り出した熱量 Q_{high} に対する仕事 W の割合として次式のように定義する。

$$\eta \equiv \frac{W}{Q_{high}} = \frac{Q_{high} - Q_{low}}{Q_{high}} = 1 - \frac{Q_{low}}{Q_{high}} = 1 - \frac{T_{low}}{T_{high}} \quad \text{――} \quad ④$$

$0 < \dfrac{T_{low}}{T_{high}} < 1$ より、$0 < \eta < 1$

温度は $T_{high} > T_{low}$ であり、後半の等式では③式を使った。④式より、効率 η は2つの熱源の温度だけで決まることがわかる。これで、カルノーの定理が証明された。なお、2つの熱源の温度が近いと効率がゼロに近くなり、仕事がほとんど得られないことがわかる。

また、たとえ理想的なカルノー・サイクルを使ったとしても、低温（T_{low}）が絶対零度にならない限り、④式の効率 η が1になることはない。効率 η は取り出した熱量に対する仕事の割合だから、熱源から取り出した熱量をそのまま100％仕事に変えるのは、やはり不可能なのである。仕事を得るためには、必ず熱量を低温の熱源へ捨てなければいけない。

今度はカルノー・サイクルと対比させて、不可逆過程が含まれるサイクルを調べよう。不可逆過程があると、低温の熱源へ捨てられる熱 Q'_{low} は④式の Q_{low} より大きくなる。

④式の前半と同様に η' を求めて、$Q'_{low} > Q_{low}$ から $\eta' < \eta$ を示そう。

$$\eta' \equiv \frac{W}{Q_{high}} = \frac{Q_{high} - Q'_{low}}{Q_{high}}$$
$$= 1 - \frac{Q'_{low}}{Q_{high}} < 1 - \frac{Q_{low}}{Q_{high}} = \eta \quad \text{---} \quad \text{⑤}$$

この一般のサイクルの効率 η' は、理想的なカルノー・サイクルの効率 η より必ず小さくなる。

ボルツマン登場

分子運動論では、温度を分子の運動エネルギーに関係づける。そこで分子運動のことを、特に「**熱運動**」と呼ぶ。

分子運動論の解明に取り組んだのは、クラウジウスやマクスウェルなどであり、最も貢献したのは**ボルツマン**（Ludwig Boltzmann, 1844-1906）だった（図 11-3）。ウィーンに生まれ、奇しくもベートーヴェン（Ludwig van Beethoven, 1770-1827）と同じ名前を持ったボルツマンは、「もしその次に、私のうえに等しく大きな影響を与えた人があったとすれば、それはベートーヴェンだ【ブローダ（市井三郎、恒藤敏彦訳）『ボルツマン——現代科学・哲学のパイオニア』p.35 みすず書房 (1957)】」と語っている。

ボルツマンはよくピアノを弾き、オーストリアの作曲家ブルックナー（Josef Bruckner, 1824-1896）から音楽のレッスンを受けた

図 11-3 1902 年のボルツマン

第 11 講　原子論とは——力学的決定論から確率論へ

こともあったという【同 p.34】。きっとボルツマンは、ベートーヴェンが作曲した 32 曲のピアノ・ソナタ、とりわけ最後の 5 曲がお気に入りだったことだろう。

ブラウン運動の不思議

ここで時代を少し遡って、「ゆらぎの現象」の最初の例となった**ブラウン運動**に詳しく触れておこう。1827 年頃に植物学者のブラウン（Robert Brown, 1773-1858）は、液体に浮かべた花粉の微粒子が示す不規則な運動を観察していた。図 11-4 はその 1 例だが、水面をアメンボが滑走するように見えるだろう。

この運動が生物に特有のものなのか調べるため、ブラウンは花粉をアルコール漬けにして、生命活動を停止させた状態で実験を繰り返した。それでも同じ運動が観察されたので、これは生物由来の運動ではないということがわかった。この原因不明の運動は、後にブラウン運動と呼ばれるようになったのである。なお、この微粒子は顕微鏡で観察できるほどの大きさなので、分子そのものではない。

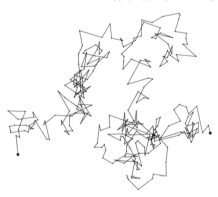

図 11-4 ブラウン運動の一例。1 つの粒子の軌跡を線で結んだもので、左下と右端にある 2 つの黒丸が始点と終点である［出典：ペラン（玉蟲文一訳）『原子』p.205 岩波文庫 (1978)］

アインシュタインは、ブラウン運動が液体分子の衝突によることを初めて理論的に明らかにした。観察される位置の変位を 2 乗して平均すると（平均 2 乗変位と言う）、経過時間に比例する。これは分子の存在を明確にする重要な発見であり、「奇跡の年」の 1905 年に発表された。

しかし、原子論に対して懐疑的だったマッハは、アインシュタインの仕事にもかかわ

らずボルツマンを苦しめ続けた。その当時、分子は仮想的なものであり、物理学者の間でも分子の存在をめぐって議論が続いていたのである。

　後にアインシュタインの理論は、**ペラン**（Jean Perrin, 1870-1942）の実験によって証明された。ペランは、半径0.5ミクロン（1ミクロンは1ミリの千分の1）程度の均一な球形粒子を作って周到に実験を重ねていき、分子の実在性を揺るぎのないものとしたのだ。ペランは次のように結論している。

> 「それ故、分子の客観的実在性を否定することは困難になった。同時に分子運動はわれわれにとって見られるものとなった。ブラウン運動は分子運動の忠実な映像に外ならない【ペラン（玉蟲文一訳）『原子』p.190 岩波文庫 (1978)】。」

　ペランは1926年にノーベル物理学賞を受賞した。日本の理科教育で「原子説」と言うと、化学反応を原子説で説明した**ドルトン**（John Dalton, 1766-1844）が有名だが、原子論や分子運動論の確立に最も貢献したボルツマン、アインシュタイン、ペランのことがほとんど知られていないのは残念である。

　ペランの自然観は、次の有名な言葉に表れている。

> 「このようにして、まだわれわれの認識の彼方にある実体の存在または性質を予測し、単純な見えないものによって複雑な見えるものを説明しようとするところに直感の働きがあり、それによってわれわれはドルトンやボルツマンのような人々に負うところの原子論を発展させるに至った【同 p.20】。」

　「単純な目に見えないもの」の代表例には、原子やクォーク、遺伝子、普遍文法（人間言語の構成原理）などがある。科学とは、そうしたもの

によって説明しようとする「考え方」なのである。

決定論と確率論

熱力学に関するボルツマンの最初の論文は、1866年で22歳のときだった。そのタイトルは『熱理論の第2法則の力学的意義について』である。ボルツマンの目標は、力学的な分子運動論に基づいてエントロピーの実体と変化法則を明らかにすることだった。

そもそも力学では、初期条件(初めの位置と速度)と運動方程式によって、運動状態が一通りに「決定」される。このことを**力学的決定論**と呼ぶ。しかし、分子一つひとつの運動やその相互作用を計算するのは不可能だから、多数の分子の運動を扱うためには、位置や速度の平均値を求めるために、**確率論**や統計的計算が必要となる。そこで、決定論に基づく力学法則と矛盾なく確率論が使えるかどうかが大問題だった。

ボルツマンは、1872年の論文の冒頭に次のように述べている。

> 「平均値の決定は確率論の課題である。したがって熱力学の問題は確率論の問題である。しかし、確率論の命題がそこで適用されるからといって、熱力学に不確実性がともなうと信じるのはあやまりである。不完全にしか証明されていない定理の正当性はまさにその理由で疑問になるが、そのような定理と確率論の完全に証明された定理とを混同してはならない【ボルツマン(恒藤敏彦訳)『統計力学(物理学古典論文叢書6)』p.29 東海大学出版会(1970)】。」

確率論では、サンプルの数が十分大きければ、経験的な確率が数学的な確率に一致するという「**大数の法則**」を前提としている。例えばサイコロを振って1の目が出る確率は、数学的には6分の1である。経験的な確率では、N回振ってr回だけ1の目が出るとき、r/Nとなる。大数の法則では、試行回数Nが十分大きければ、r/Nが確かに$1/6$に近づくと考えるのだ。ちなみに、日本のサイコロは1だけが赤く塗ら

れているが、中国のサイコロは1と4が赤く塗られている。

　ボルツマンの目論見は、それまでの力学的な決定論に対して、初めて確率論を導入することだった。それは科学における革命的な考え方だったのである。

気体分子運動論の前提

　図11-5は、ごく少数の気体分子を拡大して見たときの想像である。いろいろな方向に、さまざまな速度で運動している様子がイメージできるだろう。

　気体分子を対象とする分子運動論には、いくつか前提としていることがあるので、最初にまとめておこう。まず、気体の分子の数 N は非常に大きいとする。また、気体の各分子は分子間の力を受けることなく運動し、分子間の衝突によって、互いの運動エネルギー（運動量）の一部を交換する。ただし、分子間の吸着や化学反応は起こらず、低温の凝縮効果も起こらないと仮定する。なお、3個以上の同時衝突も単純化のために考えず、分子の種類や性質の違いも問題にしない。観測できるのは、個々の運動状態ではなく、系全体の「平均値」だけである。

　このような分子運動論の世界では、分子運動という要素の振る舞いには還元できないような、新たな性質が全体の系に現れてくる。一般にある系が部分的な要素で階層的に構成されるとき、要素に還元しただけでは系の記述が十分にできないことがある。そうした大切な考え方を、アンダーソン（Philip W. Anderson, 1923-）は「多数は異なる（"More is different"）」と端的に言い表している【P. W. Anderson, "More is different", *Science* 177, pp.393-396 (1972)】。

　さて、分子が実際に運動する空間は3次元であるが、分子の運動状態を表す仮想的な「空間」を考えよう。この仮想空間の「次元」（座標軸の数）は、独立な変数の数、すなわち

図 11-5

自由度と同じにする。

1分子の運動はその「位置と運動量」(位置と速度でもよい) で定まるので、運動の自由度は、位置 (3次元) の自由度3と、運動量 (3次元) の自由度3を合わせて、6になる。このように位置と運動量を合わせた、6次元の仮想空間のことを、**位相空間** (phase space) と呼ぶ。

気体の分子がN個ある系において、それぞれの分子の運動は、衝突を除けば独立しているので、系の位相空間は$6N$次元となる。なお、位相空間と言うときの「位相」は、「運動の様相」を表していて、波の位相や数学の位相幾何学とは全く関係ない。なお、個々の分子は運動の軌道などで見分けがつき、区別できるとする。

位相空間の中で1分子の軌道をたどるとき、もし軌道が交差したとすると、その交差点では2つの軌道が分岐することになり、運動状態を1通りに「決定」できなくなってしまう。これは上で説明した力学的決定論と矛盾するから、1分子の軌道は決して交差しないことになる。

巨視状態と微視状態

気体の系としての**巨視状態** (macrostate) は、分子数Nと、全分子の運動エネルギーの総和Eで表される。この系の位相空間を微小な区画に分割して、i番目の区画にある分子は、すべて同じ運動エネルギーε_i (ギリシャ文字イプシロン) を持つとする。ただし、同じエネルギー区画に入った分子は、個数だけを問題にして、入った順序などは区別しない。

i番目のエネルギー区画の分子数をn_iとして、次式を得る。

$$\sum_i n_i \equiv n_1 + n_2 + n_3 + \cdots = N \quad —— \quad ⑥$$

$$\sum_i n_i \varepsilon_i \equiv n_1 \varepsilon_1 + n_2 \varepsilon_2 + n_3 \varepsilon_3 + \cdots = E \quad —— \quad ⑦$$

気体の**微視状態**（microstate）は、個々の分子をこれらの区画に配分する仕方（ドイツ語で Komplexion と言う）に対応する。

ここで、分子の運動エネルギーが ε の整数倍と仮定して、$\varepsilon_1 = 0$, $\varepsilon_2 = \varepsilon$, $\varepsilon_3 = 2\varepsilon$, $\cdots$ とする。このようにエネルギーが不連続であることを、「**離散的**」と言う。実際ボルツマンは、1877 年の『熱力学の第 2 法則と、熱平衡についての定理に関する確率論的計算との間の関係について』という論文で、運動エネルギー ε が離散的な場合を調べた後に、無限小の運動エネルギーに対して一般化していた。

例えば、巨視状態が $N = 10$, $E = 10\varepsilon$ の場合は、$\varepsilon_2 = \varepsilon$ の区画にすべての分子を配分して、$n_2 = 10$（その他の区画は $n_i = 0$）という微視状態が可能である。ただし、1 つの巨視状態は、複数の微視状態に対応することに注意しよう。同じ巨視状態の例で、$\varepsilon_1 = 0$ の区画と $\varepsilon_3 = 2\varepsilon$ の区画に全分子を半分ずつ配分して、$n_1 = 5, n_3 = 5$（その他の区画は $n_i = 0$）という微視状態も可能である。

エネルギー量子 $\varepsilon = h\nu$（第 2 講、第 10 講）は離散的だから、このボルツマンの考え方は量子論を早くも予感させる。プランクは 1901 年の論文中で、電気的な共鳴子（特定の波長の光と共鳴する仮想的な粒子）が離散的なエネルギーを持つとして、その「配分の仕方」を計算することで、光の波長に対するエネルギー分布を初めて導出したのだった。

運動エネルギーの配分の仕方

それでは、運動エネルギーの配分の仕方を見てみよう。N 個の分子を最初の区画に n_1 個入れる配分の「場合の数」は、${}_N C_{n_1}$ という組合せ記号で表せる。この記号は、一般に N 個の要素から n_1 個を取り出す「**組合せ**」の数を表す。N 個の要素から n_1 個を取り出して一列に並べる「**順列**」の数は、全部で $N(N-1)(N-2)\cdots(N-n_1+1)$ 通りあり、取り出した n_1 個の順番は区別しないから、この「順列」の数を、取り出した n_1 個の並べ方の数 $n_1(n_1-1)(n_1-2)\cdots 1$ で割ればよい。つまり、次式のようになる。

$$_N C_{n_1} \equiv \frac{N(N-1)(N-2)\cdots(N-n_1+1)}{n_1(n_1-1)(n_1-2)\cdots 1}$$
$$= \frac{N!}{n_1!(N-n_1)!} \quad —— \quad ⑧$$

「!」の記号は階乗 (factorial) であり、1 からその数までの自然数をすべて掛け合わせる。

なお、$N = n_1$ のように式に 0! が出てくる場合は、次のように考える。$n! = n \times (n-1)!$ だから、$n = 1$ のときも $1! = 1 \times 0! = 1$ より、$0! = 1$ とすればよい。「ゼロ」というものがあるとすると、その並べ方は 1 通りしかないと考えれば、$0! = 1$ が納得できよう。

場合の数は、例えば次のようにして計算する。

$$_6 C_3 \equiv \frac{6!}{3!3!} = \frac{6 \cdot 5 \cdot 4}{3 \cdot 2 \cdot 1} = 20$$

N 個の分子の配分に戻ろう。次の区画に n_2 個入れる配分の仕方は、最初の区画に配分した n_1 個を除き、その残りに対して配分するので、$_{N-n_1} C_{n_2}$ となる。最初の配分の仕方のそれぞれに対して、次の区画の配分の仕方すべてが可能なので、$_N C_{n_1}$ に $_{N-n_1} C_{n_2}$ を掛け合わせればよい。

以下同様にして、組合せ記号の両側に現れる数が等しく n_f となったら配分が終わる。N 個の分子をすべて、各区画に配分する「場合の数」W は、次式で表される。これ以降、W は仕事ではなく、場合の数を表すことにする。W を「場合の数」の総数で割れば、確率(ドイツ語でWahrscheinlichkeit, W はその頭文字)になる。

$$W = (_N C_{n_1}) \cdot (_{N-n_1} C_{n_2}) \cdot (_{N-n_1-n_2} C_{n_3}) \cdots (_{n_f} C_{n_f})$$
$$= \frac{N!}{n_1!(N-n_1)!} \cdot \frac{(N-n_1)!}{n_2!(N-n_1-n_2)!} \cdot \frac{(N-n_1-n_2)!}{n_3!(N-n_1-n_2-n_3)!} \cdots \frac{n_f!}{n_f!}$$
$$= \frac{N!}{n_1! n_2! \cdots n_f!} \quad —— \quad ⑨$$

N が大きいときには、**スターリングの公式** $N! \approx N^N$ という近似

式が成り立つ。この公式は、$N!$ と N^N が N を横軸とするグラフで接近していくことで確かめられる。この式の対数を取れば、$\log(N!) \approx \log(N^N) = N \log N$ が成り立つ。

⑨式の両辺で対数（e を底とした自然対数）を取り、スターリングの公式を使うと、次式のようになる。

$$\begin{aligned}
\log W &= \log\left(\frac{N!}{n_1! n_2! \cdots n_f!}\right) \\
&= \log(N!) - \log(n_1!) - \log(n_2!) \cdots - \log(n_f!) \\
&\approx N \log N - n_1 \log n_1 - n_2 \log n_2 \cdots - n_f \log n_f \\
&= N \log N - \sum_i n_i \log n_i = N \log N - H \quad\text{——}\quad ⑩
\end{aligned}$$

ここで、$H(t) \equiv \sum_i n_i \log n_i$ とした。この関数は時間と共に変化すると考えられ、**ボルツマンの H 関数**と呼ばれる。ボルツマン自身は、1872 年から 20 年もの間 E（おそらくエントロピー [entropy] の頭文字）と記していたが、その後で H と書くようになった。H に変更した理由は不明である【S. Chapman, "Boltzmann's H-theorem", *Nature* 139, p.931 (1937)】。

配分の例

ボルツマンの論文では、巨視状態が $N = 7$, $E = 7\varepsilon$ の場合が検討されているが、ここでは、それより少数の $N = 3$, $E = 3\varepsilon$ の場合について調べてみよう。もちろん数が少ないので統計的とは言い難いが、配分の考え方がつかみやすくなるだろう。

各分子が持つ運動エネルギーとして、4 つの区画 $\varepsilon_1 = 0$, $\varepsilon_2 = \varepsilon$, $\varepsilon_3 = 2\varepsilon$, $\varepsilon_4 = 3\varepsilon$ を考える（表 11-1）。⑥式と⑦式より、4 つの区画について次式が成り立つ。

$$N = n_1 + n_2 + n_3 + n_4 = 3, E = n_1 \varepsilon_1 + n_2 \varepsilon_2 + n_3 \varepsilon_3 + n_4 \varepsilon_4 = 3\varepsilon$$

表 11-1 巨視状態と微視状態の例

i	1	2	3	4	W	P
ε_i	0	ε	2ε	3ε		
n_i	2	0	0	1	3	0.3
	1	1	1	0	6	0.6
	0	3	0	0	1	0.1
期待値	1.2	0.9	0.6	0.3	10	1.0

この2式を満たすように、n_1, n_2, n_3, n_4 をどのように割り振ればよいかが問題である。第1の区画 ($\varepsilon_1 = 0$) に3個の分子をすべて入れてしまうと、運動エネルギーの総和がゼロとなるから、これは起こりえない。

次に、第1の区画に2個の分子を入れると ($n_1 = 2, \varepsilon_1 = 0$)、残りの1個を第4の区画 ($n_4 = 1, \varepsilon_4 = 3\varepsilon$) に入れれば（その他の区画は $n_i = 0$)、上の式を満たす（表11-1)。このとき、配分する場合の数 W を⑨式で求めると、次のようになる。

$$W = (_3C_2) \cdot (_1C_1) = \frac{3!}{2!1!} = 3$$

また、第1の区画に1個の分子を入れると ($n_1 = 1, \varepsilon_1 = 0$)、残りは1個ずつ、第2の区画 ($n_2 = 1, \varepsilon_2 = \varepsilon$) と第3の区画 ($n_3 = 1$, $\varepsilon_3 = 2\varepsilon$) に入れるしかない。このとき W は 6 となる（☆)。最後に、第1の区画に分子を入れなかった場合は ($n_1 = 0, \varepsilon_1 = 0$)、3個とも第2の区画 ($n_2 = 3, \varepsilon_2 = \varepsilon$) に入れれば良く、$W$ は 1 となる（☆)。

以上の結果を、別の方法で確かめてみよう。エネルギー量子 $\varepsilon = h\nu$ が3つあり、重複を許しながら3個の分子に配分することを考えよう。これは、一般に「**重複組合せ**」と呼ばれる問題で、3つの量子「○」の間に2つの仕切り「｜」を入れて3分割することに相当する。3つ例を挙げよう。

① ○｜○｜○　　② ○○○｜｜　　③ ｜○｜○○

例①は量子 ε を均等に1つずつ、3個の分子に配分した場合である。例②は1番目の分子だけに 3ε を配分した場合である。例③は2番目の分子に ε を、3番目の分子に 2ε を配分した場合である。

3つの例のどの場合も、○を3つ、|を2つ並べたものである。この5つの記号の中から、どれか2つを仕切り「|」として選べば、残りは自動的に○となる。そこで、「場合の数」の総数 W_{Total} は、次のようになる。

$$W_{Total} = {}_5C_2 = \frac{5 \times 4}{2 \times 1} = 10$$

表11-1で求めた3つの W は、3と6と1だったから、これらの総和は確かに W_{Total} と一致する。また、例①の配分は $W=1$、例②のような 3ε の配分は $W=3$、例③のような他の配分は $W=6$ となることを確かめよう（☆）。

以上で配分する仕方がすべて得られたから、各配分の微視状態が等しく起こるとき、「配分の仕方」の確率 P が求まる（表11-1）。最も確からしい場合、つまり確率 P が一番大きくなるのは、第1、第2、第3の区画に対して均等に1個ずつ分子を入れた場合である。

表11-1で、それぞれの区画に分子が何個入ると期待されるか、という値（**期待値**）を求めてみよう。第1の区画について、分子が2個入る確率 P は0.3、1個入る確率 P は0.6だから、期待値は2個 $\times$ 0.3 + 1個 $\times$ 0.6 = 1.2個となる。同様にして、第2、第3、第4の区画の期待値は0.9、0.6、0.3と求められる（☆）。各区画の運動エネルギーが大きくなると、それぞれの期待値は単調に減少することがわかる。これらの4つの期待値をすべて足し合わせると、分子の総数 $N=3$ と等しくなる。

分子の速度分布

n_i の期待値から、運動エネルギー ε_i に対応する速度の分子が何個あるか、という分子数の分布がわかる。この分布 $n_i(v_x, v_y, v_z)$ のことを、

「**分布関数**」と言う。気体分子の系が熱平衡にあれば、分子数 n_i はどの速度の方向にも一様に（等方的に）分布する。

ここでは運動量の代わりに、速度で位相空間を考えることにする。熱平衡では気体分子が十分に散らばって（拡散して）いるので、位相空間での分布関数 $n_i(x, y, z, v_x, v_y, v_z)$ は、位置についても一様となる。そこで分布関数から座標を除いて、$n_i(v_x, v_y, v_z)$ のように3次元で考えてよい。

速さ v（$v = \sqrt{v_x^2 + v_y^2 + v_z^2}$）に対する分子数の分布は、熱平衡では**正規分布**（ガウス分布）となることが、マクスウェルによって1860年に示された。正規分布は一般の統計分布と同じで、平均値で分布が最大となる（図11-6）。この分布関数 $n_i(v)$ は、e をネイピア数（第1講）、α を定数として、次式のように表される（$\propto$ は比例の記号）。

$$n_i(v) \propto e^{-\alpha v^2} \quad\text{―――}\quad ⑪$$

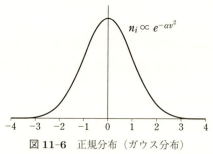

図 **11-6** 正規分布（ガウス分布）

前述した配分の例で求めた n_i と同様に、運動エネルギーが大きくなると、対応する n_i の期待値は単調に減少する。

気体分子の速度分布 $w(v)\Delta v$ を求めるには、$n_i(v)$ に対して、速さ v に対する「位相空間の微小体積」を掛ける必要がある。3次元の位相空間で、速さが一定の面は、速さを半径とする「球面」なので、次式が

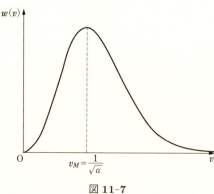

図 **11-7**

成り立つ。

[位相空間の微小体積] = [速さを半径とする球の表面積] × [速さの微小変化]

$$\therefore \Delta v^3 = 4\pi v^2 \Delta v \quad —— \quad ⑫$$

⑪式に対して⑫式の補正をすることで、速度分布 $w(v)\Delta v$ は次式のようになる。

$$w(v)\Delta v = n_i(v)\Delta v^3 \propto e^{-\alpha v^2}\Delta v^3 \propto v^2 e^{-\alpha v^2}\Delta v \quad —— \quad ⑬$$

速度分布のグラフは図 11-7 のようになり、ピークの位置の速度 v_M は $v_M = 1/\sqrt{\alpha}$ となる。残る問題は、この定数 α がどのように温度と関係するかを示すことである。

ボルツマンのひらめき

ボルツマンは、1877 年の論文の冒頭に、次のように述べている。

> 「多くの場合、初期状態は非常に確からしくないものであろう。それから出発して系はつねにより確からしい状態へと向かって行き、最後にもっとも確からしい状態、すなわち熱平衡の状態に達するであろう。このことを第 2 法則にあてはめると、普通エントロピーとよんでいる量を、問題にしている状態の確率と同一視することができる【ボルツマン（恒藤敏彦訳）『統計力学（物理学古典論文叢書 6）』p.114 東海大学出版会 (1970)】。」

かくして熱力学のエントロピーは、分子運動論における「状態の確率」に結びつけられた。これがボルツマンのひらめきだった。この「状態の確率」は、系の位相空間を微小な区画に分割して、すべての分子を各区画に配分する場合の数 W から求められる。そこで、エントロピー S を次式で定義する。

$$S \equiv k \log W \quad \text{――} \quad ⑭$$

比例定数 k は**ボルツマン定数**と呼ばれる。W の最小値は 1 であり、$\log 1 = 0$ だから、その付近で S は最低値ゼロに近づく。これが⑭式で対数を取る理由である。

⑭式より、W が増える場合、すなわち配分する場合の数が増えて、さまざまな状態を取りうるような「**乱雑さ**」が増すとき、S が増えることになる。つまり、エントロピーとは乱雑さの尺度なのである。逆にエントロピーが減るとき、「**規則性**」が増して秩序ができることになる。

クラウジウスによって、エントロピーの変化は①式のように熱量変化と温度から定義されたが、それは熱力学の範囲のものであった。分子運動論を基礎にして、⑭式のようにエントロピーを確率で定義し直すことが、ボルツマンによる進歩だった。

なお、⑭式の形はボルツマンの論文中に現れてこない。プランクが 1900 年に⑭式の形で定式化したことで、広まったのである。ウィーン中央墓地にあるボルツマンの記念像には、⑭式が刻まれている。

宇宙に銀河や星という「秩序」ができるということは、宇宙全体のエントロピーが減っている証拠となる。後で述べるように、生物もエントロピーを減らすことで体の秩序を保っている。その意味では、星も生きていることになる。

ボルツマン分布

さらにボルツマンは、温度 T の熱平衡で運動エネルギー ε_i に配分される分子数 n_i が、次式で表せると考えた。k は⑭式の比例定数と同じボルツマン定数である。

$$n_i \propto e^{-\frac{\varepsilon_i}{kT}} \quad \text{――} \quad ⑮$$

⑮式に運動エネルギー $\varepsilon_i = \frac{1}{2}mv^2$(第 6 講)を代入すれば、次式のように⑪式の正規分布と同じ形になる。

$$n_i \propto e^{-\frac{\varepsilon_i}{kT}} = e^{-\frac{1}{kT}\frac{mv^2}{2}} = e^{-\frac{m}{2kT}v^2}$$

図 11-8 に示したような⑮式の分布を**ボルツマン分布**(正準分布、カノニカル分布)と呼び、ボルツマン分布に従う系(統計的集団)を、「**カノニカル・アンサンブル**」と呼ぶ。

⑮式より、配分される分子数 n_i は、運動エネルギー ε_i に対して指数関数的に単調減少する。また高温であるほど、エネルギー ε_i(⑮式の指数の分子)が大きい場合でも温度 T(⑮式の指数の分母)の値が大きいため、配分される分子数 n_i はあまり減少しない。つまり高温では、全体の中で大きなエネルギーを持つ分子が占める割合が相対的に増えて、分布がよりなだらかになる。こうした分布の変化により、分子の運動に多様性が生まれて「乱雑さ」が増す。

ボルツマン分布の特徴は、巨視状態を表す温度 T という1つの変数だけで微視状態が定まるということだ。逆に、測定から系のボルツマン分布がわかれば、その系の温度がわかることになる。つまり、温度は熱運動の尺度なのである。

先ほどのボルツマンの引用にあった「もっとも確からしい状態、すなわち熱平衡の状態」とは、分子を各区画に配分する場合の数 W が最大となる分布のことである。前述した配分の例($N = 3$, $E = 3\varepsilon$)では、第1、第2、第3の区画に対して、均等に1個ずつ分子を入れた場合が最も確からしい状態であった。このとき W が最大であり、「熱平衡の状態」、すなわち最もエントロピーが増大した状態に対応する。

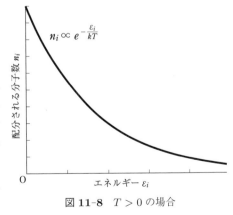

図 11-8 $T > 0$ の場合

「負」の温度

これまでは温度 T が正であることを前提にしてきたが、特殊な場合には、過渡的な現象として温度が負になることもありうる。初めて**負の温度**が実験で示されたのは、1951 年のことだった【E. M. Purcell & R. V. Pound, "A nuclear spin system at negative temperature", *Phys. Rev.* 81, pp.279-230 (1951)】。この現象で配分される分子数 n_i は、運動エネルギー ε_i に対して指数関数的に単調増加する(図 11-9)。こうした系のボルツマン分布が与えられるとき、T が「負」の温度として定義される。

その後、負の温度が生ずるためには、エネルギーに「上限」がある場合に限られるということがわかった【M. J. Klein, "Negative absolute temparatures", *Phys. Rev.* 104, p.589 (1956)】。エネルギーが上限に近づくと、エントロピーが減少してゼロに近づいていく(図 11-10)。

正の温度から絶対零度に近づく($T = +0$ と表す)ような通常の極低温では、エネルギーとエントロピーが共に最低に近づく。ところが負の温度では、絶対零度よりもエネルギーが低いのではなく、正の温度のときよりもさらに高いエネルギーを持たなくてはならない。つまり、「負」の温度は正の温度よりも「熱い」のである。

このことは直感に反するかもしれないが、ある特殊な条件に限って、負の温度を示すような高エネルギーの現象が実現できる。負の温度は、負の圧力の存在を示唆していて、万有引力と反対に「万有斥力」の効果を持つような、**暗黒エネルギー**(dark energy)との関連が議論されている【S.

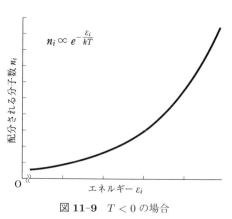

図 11-9 $T < 0$ の場合

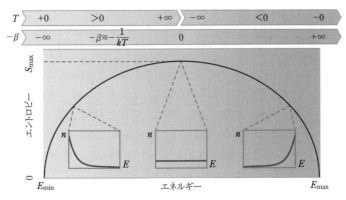

図 11-10 [出典：S. Braun et al., "Negative absolute temparature for motional degrees of freedom", *Science* 339, p.53 (2013)]

Braun et al., "Negative absolute temparature for motional degrees of freedom", *Science* 339, pp.52-55 (2013)]。

ボルツマンの H 定理をめぐって

ボルツマンの H 関数を定義した⑩式を、エントロピーの⑭式に代入すると、次式を得る。

$$S = k \log W = k(N \log N - H) = kN \log N - kH \quad\text{―――}\quad ⑯$$

⑯式の第 1 項は定数であり、エントロピー S が増えれば、時間の関数である $H(t)$ は逆に減ることになる。n_i の時間変化を表す方程式によれば、$H(t)$ は時間と共に単調減少していき、熱平衡において最小となる。また熱平衡において、n_i はボルツマン分布と一致する。

これが 1872 年に得られた**ボルツマンの H 定理**であり、熱平衡への到達を保証する。その後、この H 定理をめぐって論争が起こった。ロシュミット（Johann Loschmidt, 1821-1895）は、力学的な運動は可逆なのだから、$H(t)$ が一方的に減少するのはおかしいと主張した。

これに対しボルツマンは、H 定理は確率論の問題であり、運動自体

が可逆であっても、系は「より確からしい」運動状態へ変化すると答えて譲らなかった【ボルツマン（長浜悝訳）『気体分子運動論（物理学古典論文叢書5）』pp.165-170 東海大学出版会 (1971)】。さらにツェルメロ（Ernst Zermelo, 1871-1953）は、時間が十分経てば位相空間内の軌道が初期状態の十分近くまで回帰するという「ポアンカレの定理」を根拠に、熱平衡に至る不可逆過程は力学的に不可能であると批判した。

　ボルツマンは、初期状態へ戻る確率は非常に小さいため、熱平衡よりさらに長い時間が経たないと生じないから経験できないと論じた【同 p.214】。ただし、ブラウン運動のような非平衡状態では、不可逆過程であっても初期状態へ戻ることがありうるから、ツェルメロの批判は退けられる。

時間平均と位相平均

　巨視状態の物理量を求めるためには、平均値を計算しなくてはならない。平均の取り方には、2つの方法が考えられる。

　第1の平均の取り方は、時間で平均するので、**時間平均**と呼ばれる。1つの気体分子に注目すると、時間変化に伴って位置と運動量が変化していくので、位相空間内の軌道に沿って、求めたい物理量の時間平均を計算すればよい。しかし、分子同士の衝突を考慮しながら多数の分子に渡って運動方程式の解を計算するのは不可能である。

　第2の平均の取り方は、ある瞬間に位相空間の微小区画それぞれをサンプルして平均するので、**位相平均**と呼ばれる。運動エネルギー ε_i を持つ分子数 n_i の分布を⑮式などから求めて、求めたい物理量の位相平均を計算すればよい。この方法では運動方程式を解く必要がないので、計算が可能である。

　1884年になってボルツマンは、十分長く時間をとれば、時間平均が位相平均と等しくなると予想した。この予想が正しければ、巨視状態の物理量の時間平均が、位相平均の計算から間接的に得られることになる。

このボルツマンの予想を裏付ける試みを、「**エルゴード問題**」と言う。「エルゴード」とは、ギリシャ語で「仕事」と「軌道」を表す単語を組み合わせた造語である。エルゴード問題に関連して、次のような**エルゴード仮説**が立てられた。

　　時間が十分経つと、位相空間内の軌道は、一定の運動エネルギーの微小区画（エルゴード面と呼ぶ）すべてを通るため、微視状態はすべて等しい確率で起こる。

　ところがボルツマンの死後、エルゴード仮説の間違いが指摘された。位相空間は、交差しない軌道や周期軌道では埋め尽くすことができないのである。前述のように、1分子の軌道は決して交差しないから、エルゴード面すべてを通るのは不可能である。
　その後1930年代になって、バーコフ（George Birkhoff, 1884-1944）によって、エルゴード問題を支持するような条件が示された【G. D. Birkhoff, "Proof of the ergodic theorem", *Proceedings of the National Academy of Sciences* 17, pp.656-660 (1931)】。ボルツマンはもっと長生きすべきだった。

熱力学第3法則

　絶対零度に近づくと、温度あたりの熱量変化はゼロになるという経験則を、**ネルンスト**（Walther Nernst, 1864-1941）が発表した。その1906年は、奇しくもボルツマンが亡くなった年である。プランクは、この経験則をエントロピーに関する定理として、次のようにまとめた。

　　エントロピーの絶対零度での極限値（最小値）は、定数である。この定数は物質によらない普遍的な値であり、ゼロとしてよい。

　これが**熱力学第3法則**であり、熱力学の根本を成す考え方の1つで

ある。

　熱量の変化がない断熱過程（$\Delta Q = 0$）では、①式のエントロピーの定義式より、$\Delta S = 0$ となる。つまり、エントロピーが変化しないため、エントロピーをゼロまで変化させることはできない。一方、温度の変化がない等温過程（$\Delta T = 0$）では、そもそも温度が変化しないので、絶対零度に到達できない。したがって、理想的なカルノー・サイクルを使ってもなお、エントロピーがゼロとなるような絶対零度を実現することは不可能だということになる。

　「絶対零度」という温度はあくまで極限なのであって、実際に測れる温度ではないのだ。既に説明したエントロピーの定義や、カルノー・サイクルの効率が１にならないことなどでは、絶対零度の「熱源」はありえないとしていた。そのことは、熱力学第３法則によって保証される。

生物と「負のエントロピー」

　ボルツマンは、熱力学の問題を環境や生物にまで広げて考えていた。熱力学第２法則に関する 1886 年の講演で、ボルツマンは次のように述べている。

> 「生物のたたかいは、エントロピーのためのたたかいなのだ（正確には負のエントロピー）。このエントロピーは、あつい太陽から冷たい地球へのエネルギーの移動によって、自由に使えるよう提供されている。この移動をできるかぎり利用するために、植物は計り知れないほど広い葉の面を拡げて、太陽エネルギーが地表の温度の水準に低下してしまう前に、そのエネルギーが化学合成を遂行するように強いるのである【ブローダ（市井三郎、恒藤敏彦訳）『ボルツマン――現代科学・哲学のパイオニア』pp.106-107 みすず書房 (1955)】。」

　正の熱量 Q を高温（T_{Sun}）の太陽から受けて、低温（T_{Earth}）の地

図 11-11　エントロピーを下げて生きる

球へ捨てるとき、①式より、次のような負のエントロピー変化が生み出される。

$$\Delta S = \frac{Q}{T_{Sun}} - \frac{Q}{T_{Earth}} = Q\frac{T_{Earth} - T_{Sun}}{T_{Sun}T_{Earth}} < 0 \quad\text{---}\quad ⑰$$

また、低温（T_{Plant}）の植物が熱量 Q' を受け取って、「化学合成を遂行する」ときに生ずるエントロピー変化 $\Delta S'$ は、次式のようになる。

$$\Delta S' = Q'\frac{T_{Plant} - T_{Sun}}{T_{Sun}T_{Plant}} < 0 \quad\text{---}\quad ⑱$$

つまり、植物による化学合成によって、負のエントロピーが固定されるのである。この植物による「化学合成」とは、光合成のことだ。光合成は、空気中や地中にある二酸化炭素と水から、炭水化物と酸素を合成

する化学反応である。

　量子力学に貢献したシュレーディンガー（Erwin Schrödinger, 1887-1961）は、さらに次のように述べている。

> 「生物体が生きるために食べるのは負エントロピーなのです。このことをもう少し逆説らしくなくいうならば、物質代謝の本質は、生物体が生きているときにはどうしてもつくり出さざるをえないエントロピーを全部うまい具合に外へ棄てるということにあります【シュレーディンガー（岡小天、鎮目恭夫訳）『生命とは何か——物理的にみた生細胞』p.141　岩波文庫 (2008)】。」
> 「そこで『負エントロピー』というぎこちない言い方をもっといい表現に置き換えて『エントロピーは負の符号をつければ、それ自身秩序の大小の目安となる』と言い表せます。このようにして、生物が自分の身体を常に一定のかなり高い水準の秩序状態（かなり低いエントロピーの水準）に維持している仕掛けの本質は、実はその環境から秩序というものを絶えず吸い取ることにあります【同 p.146】。」

　動物が物を食べる理由は、エネルギーの摂取だと考えられているが、それだけではない。動物は、低いエントロピーの動植物を食べ、高いエントロピーの排泄物を外に捨てることで、自らのエントロピーを下げながら生きているのだ。

　なお、消化による食物の分解によって食物にあった秩序が低下するため、エントロピーは一時的に増大するが、同時にその分解物を再利用した化学合成が行われる。その新たな化学合成によって、生体のタンパク質や脂質などからなる「秩序」が作られ、さまざまな生命活動が支えられている。

　これで、なぜ毎日食事をする必要があるかが納得できるだろう。生きるということは、低いエントロピーを維持し続ける過程でもあるのだ。また、学習を通して秩序だった知識を吸収し、些末なことを忘れるのは、脳のエントロピーを下げることになる。脳を衰えさせないために

も、日々の読書と思考が欠かせないのである。

確率論と人間

朝永振一郎の『物理学とは何だろうか』には、次のように書かれている。

> 「ボルツマンが狙ったことは確率論と力学との関係をはっきりさせたいという、その一点に尽きる、そういうふうに私は見ています。ボルツマンによってニュートン力学的な対象とそれを見る人間の側とのあいだに確率論をおくことがいちおうできたということが、第III章の結末として書いてあります。ボルツマンが狙っていたことはそこではたされたと言っていい、と私は思うのです【朝永振一郎『物理学とは何だろうか 下』p.139 岩波新書 (1979)】。」

「巨視状態」とは、人間が存在してはじめて観測される物理量である。これを、個々の分子の力学的な微視状態と対応づける必要がある。そこに確率論を導入したのが、ボルツマンの卓見であった。確率論がなければ、熱力学を分子運動論に帰着させることはできなかったのだ。

> 「自然を見る人間をそこに持ち込むことが物理の客観性にそむくものだなどと言うことはできないでしょう。むしろこの場所に人間を登場させ、そして熱学の立場で自然を見させてくれる可能性は力学法則のなかにちゃんと用意されていたのだと私は言いたいのです【朝永振一郎『物理学とは何だろうか 下』p.128 岩波新書 (1979)】。」

人間に火を授けた神は、人間を創造したプロメテウスだったという。火がなければ、熱量を自在に仕事に変えることはできなかっただろう。カルノー、クラウジウス、そしてボルツマンはプロメテウスの化身だったのかもしれない。

索引

あ

アインシュタイン 1, **11**, 12, 20, 21, 26, 59, 61, 73, 80, 84, 85-87, 89, 101, 105, 118-121, 139, 146, 149, 151, 155, 157, 172, 177, 196, 197
アインシュタイン-ド・ブロイの関係式 20, **21**, 22
アインシュタインの縮約記法 **118**
アフィン変換 **140**
泡箱 **163**
暗黒エネルギー **210**
アンペール **145**
アンペールの法則 **145**, 147-149, 163

い

位相 **152**, 179, 200
位相空間 **200**, 206, 207, 212, 213
位相平均 **212**
位置エネルギー **73**, 75-79, 89-91, 94, 96, 144, 187
一様な重力場 **89**, 91, 92, 101, 105, 107, 109
一般相対性原理 **105**
一般相対性理論 **53**, 56, 105, 119-122
因果関係 **15**, 18
引力 24, **33**, 51, 108, 145

う

ウィークボソン **177**
宇宙項 **120**, 121
宇宙線 **161**, 162
宇宙定数 **121**
宇宙論 **105**, 177
運動エネルギー **73**-77, 79, 87, 95, 98, 153, 154, 157, 159, 175, 195, 199-201, 203-206, 208-210, 212, 213
運動の法則 **48**, 49, 55, 56, 76, 100, 122, 142
運動方程式 **49**, 56, 198, 212
運動量 **21**, 22, 32, 34, 35, 50, 65, 73, 83-85, 119, 135-142, 146, 147, 153, 154, 157, 161, 164, 175, 181, 199, 200, 206, 212
運動量とエネルギーのローレンツ変換 135, **136**
運動量保存則 **50**, 141, 165

え

永久機関 **190**
エネルギー 20-22, 65, **73**, 75, 76, 78, 79, 83-87, 89, 101, 119, 135-143, 153, 154, 157-159, 161, 163, 165, 175, 177, 181, 183, 187, 189, 191, 192, 200, 201, 209, 210, 214, 216
エネルギー保存則 **75**, 79, 122, 141, 143, 165, 175, 188, 190, 192
エネルギー量子 **21**, 157, 201, 204
エルゴード仮説 **213**
エルゴード問題 **213**
エルステッド **145**
円 **1**, 17, 28, 29, 34, 36, 37
遠隔作用 **92**, 100, 184
遠日点 **36**
円周率 **10**
遠心力 **33**, 34, 43, 44, 78, 89, 94-100, 102, 103, 164
遠心力の場 **102**
遠心力ポテンシャル **97**, 98, 102
円錐曲線 **1**, 3, 48

円錐面 **4**
エントロピー 183, **190**-194, 198, 203, 207-211, 213-216
エントロピーの増大則 **191**, 192

お

オイラー **10**, 11, 17, 23, 96, 187
オイラー図 **17**
黄金比 **9**, 10
オールトの雲 **48**
温度 161, 179, **183**-185, 190-195, 207-210, 213, 214

か

階数 **115**
解析力学 **101**, 142
回転系 **94**, 96, 98, 102
回転数 **93**
回転速度 44, **93**
開放系 **191**
カイラリティ **180**-182
カイラリティ対称性 **181**, 182
ガウス **4**, 119, 206
可換 **129**, 130, 173
可逆過程 **184**, 185, 191-193
角運動量 **32**-35, 117, 142, 167
角運動量保存則 34, **35**, 44, 141
角速度 **92**-94, 96, 98, 99, 111, 117
確率論 **198**, 199, 201, 211, 217
核力 **144**, 160
可視光 **19**, 20, 22
加速度 48-**50**, 51, 53, 55, 56, 73, 77, 93, 94, 100-102, 105-107, 109-111, 122
加速度の変換式 **56**
カノニカル・アンサンブル **209**
カミオカンデ **175**, 176
ガリレイ-ニュートンの相対性原理 **55**, 59, 66
ガリレイ変換 53, **54**, 55-59, 61, 64, 66, 67, 73, 82, 122
カルノー **185**, 186, 217
カルノー・サイクル **185**, 186, 193-195, 214
カルノーの定理 **186**, 187, 190, 193, 194
慣性 **33**, 49, 101, 142
慣性系 **53**-56, 58, 59, 61, 62, 64-71, 79-82, 85, 105-107, 111, 114, 124, 125, 127, 128, 132, 133, 135, 140, 141, 148, 151, 152, 164, 181
慣性質量 **48**, 100
慣性テンソル **118**
慣性の法則 **49**, 53, 105
慣性力 **49**, 89, 94, 100-102, 107, 109, 110, 122
慣性力の場 **101**, 102

き

奇関数 **24**
規則性 **208**
期待値 **205**, 206
軌道長半径 38, **41**-43, 47, 51
軌道半径比 **28**, 29
逆 2 乗則 24, **25**, 26, 89, 145
逆行列 **130**-132
逆元 **130**
逆変換 **62**, 67, 150
鏡映反転 140, **170**
共役 **84**, 137, 141, 142
行列 **116**-118, 128-132, 137, 138, 149, 150, 155, 168
極限 7, **8**, 24, 25, 50, 61-64, 96, 98, 108, 121, 145, 214
極限則 15, 23, **24**, 25, 84
極座標 **43**, 51
曲率 **118**
巨視状態 **200**, 201, 203, 204, 209, 212, 217
虚数単位 11, **12**
霧箱 **161**, 162
キルヒホッフの法則 **143**
近似則 22, **23**, 24, 26
近日点 **31**, 36
近接作用 **92**, 100

く

偶関数 **24**, 62
空間反転 **170**
クーロン力 **145**
クーロンの法則 25, **145**, 148, 149
クォーク **174**, 175, 177, 182, 197
組合せ **201**, 202
グラヴィトン **177**
クラウジウス **187**, 188, 190, 192-195, 208, 217
クラウジウスの不等式 **192**
グルーオン **177**
群 128, **130**
群論 **130**

け

計量 **120**
ゲージ 145, **146**
ゲージ場 **146**, 177, 182
ゲージ場理論 **146**, 173
ゲージ粒子 174, **177**, 182
結合律 **130**
ケプラー 25, **27**, 30, 35-37, 39, 41, 47
ケプラーの第1法則 27, **39**, 41, 51
ケプラーの第2法則 27, 29, **30**, 31, 34, 35, 41, 51
ケプラーの第3法則 **41**-43, 51, 102
元 **17**, 62, 130
懸垂線 **98**
原理 **15**, 55, 59, 75, 102, 123, 161, 169, 172, 174, 182, 187

こ

光行差 **112**
光合成 **215**
光子 **20**-22, 85, 139, 147, 177
向心加速度 **93**, 94
向心力 **33**, 34
光速 **12**, 20, 57, 59, 61, 62, 64, 66, 69, 73, 74, 81-86, 100, 106, 112, 114, 115, 122, 125, 133, 134, 139, 143, 147, 149, 153, 154, 164, 181, 182
光速不変の原理 **59**, 61, 62
光電効果 **20**
公転周期 **29**, 31, 41, 42, 47, 51
勾配 **91**, 92, 97, 101, 108, 144, 146, 167
効率 **194**, 195
光量子 **20**
光量子仮説 **20**, 21
合力 **78**
古典力学の極限 **61**, 64, 86, 139, 164
固有時 80, **81**-83, 85, 138, 139, 147, 153
孤立系 **191**, 192

さ

再帰性 9, **11**
最速降下線 **98**
作用 **50**, 89, 91, 144
作用反作用の法則 **50**
作用量 **84**, 141, 142
三角関数 27, **28**
三角比 **27**, 28, 36

し

磁荷 **166**, 169
紫外線 **20**
時間の伸び 68, **69**, 70, 72, 82, 109, 135
時間反転 **170**
時間平均 **212**
磁気双極子 **166**, 169
磁極 144, 146, **166**
時空 **53**, 54, 57, 67, 68, 118-120, 127, 140, 142, 146, 170
時空グラフ **57**, 58, 67, 68, 70, 72, 80, 124, 127, 133, 135
時空の不変式 **80**
次元 **115**, 199
自己相似 **45**, 46
仕事 **73**, 75-79, 84, 91, 92, 95, 185-194, 202, 213, 217
指数関数 **16**, 209, 210

自然対数 **10**, 43, 96, 203
質量 **21**, 32, 42, 44, 48-52, 56, 74, 75, 83, 85, 86, 89-92, 94, 97-100, 102, 108, 115, 122, 139, 146, 147, 153, 154, 157-161, 164, 169, 170, 175-177, 179-182
質量とエネルギーの等価則 **86**, 122, 175
磁場 19, 58, 59, 144, **145**-153, 161-165, 169
斜交座標系 57, **58**, 67, 125, 132
周期 19, 27-29, 41, 42, 47, 51, 58, **92**, 152, 179, 213
周期性 27, **28**, 48
自由度 167, **200**
周波数 **19**
十分条件 **17**
自由落下系 **122**
重力加速度 **49**, 75, 89, 92, 99, 100, 102, 106, 107, 111
重力質量 49, **99**
重力波 **64**, 85, 100, 177
重力場 **89**-91, 98, 101-103, 105, 107, 109, 118, 146
重力場方程式 **118**-121
重力ポテンシャル **89**, 90, 92, 98, 101, 102, 106, 107, 109, 110, 115, 144
シュレーディンガー **216**
準静的過程 **185**, 191-193
順列 **201**
常用対数 **16**, 42
小惑星帯 **47**
真空 59, **158**, 159, 181, 182
人工重力 **102**
『新天文学』 **30**, 36
振動数 **19**-21, 157

す

数学的帰納法 **5**
スーパーカミオカンデ **176**, 177
スカラー **115**, 117, 118, 137, 145
スカラーポテンシャル **145**, 146

スターリングの公式 **202**, 203
スピン 158, **167**-169, 173, 180, 181

せ

正規分布 **206**, 208
正弦波 **19**
静止エネルギー **73**, 74, 85, 87, 154, 157-159
静電ポテンシャル **144**, 145
世界線 **70**
赤外線 **20**
斥力 24, **33**, 98
接線 **3**, 23, 74-76, 84, 91, 97
絶対温度 **190**
絶対零度 **190**, 194, 210, 213, 214
漸近線 **3**
線形関係 **15**
線素 **81**, 82, 122

そ

相関関係 **15**
双曲線 **1**, 3, 4, 48
相対性 53, **68**-71, 135, 140
相対性理論 **53**, 155
相対速度 **53**, 56, 57, 59, 61, 62, 64-66, 69, 82, 106, 114, 124, 128, 148, 164, 182
相対論 20, 22, **53**-57, 61, 62, 64, 69-74, 79, 80, 83, 84, 99-101, 107, 108, 117, 121-125, 135, 137-139, 146-149, 152, 153, 155, 157, 158, 163, 168, 181
相対論的運動量 82, **83**, 139, 147
相対論的エネルギー 84, **85**, 86
相対論的な力 **139**
測地線 **122**
速度 21, 48-**50**, 53, 55-57, 65, 66, 74, 76, 81, 84, 93, 97, 100, 105, 112, 114, 115, 124, 125, 133, 134, 143, 146, 181, 182, 198-200, 205-208
速度の合成則 56, **57**, 65-67
速度の変換式 **56**, 66

223

素磁荷 **169**
素電荷 **143**, 169
素粒子 154, **155**, 160, 163, 165, 170, 174, 176, 177, 179

た

対偶 **17**, 18
対称行列 **138**, 150
対称性 1, 38, 57, 123-125, 127, 130, 132, **140**, 141, 149, 150, 152, 154, 155, 159, 163, 169-174, 178, 179, 181, 182
対称性の自発的破れ **178**, 179, 181, 182
大数の法則 **198**
対数らせん **43**-46, 96, 97, 102, 103
太陽系外惑星 **42**, 43
楕円 **1**, 3, 37-39, 41, 47, 48, 51
ダランベール **100**, 101
ダランベールの原理 100, **101**
単位行列 **117**, 129, 130
単位元 **130**
断熱過程 **185**, 214
短半径 **36**, 37

ち

力 23, 33, **50**, 73-79, 82, 84, 89-91, 101, 138, 139, 144, 145, 162-164, 178, 184, 199
チャンドラセカール **123**, 124, 140, 150
中間子 **160**, 170, 171, 174
中心力 **33**, 34, 51
中性子 **143**, 144, 160, 169-171, 174, 175
超新星爆発 **175**, 176, 193
超対称性 **173**, 177
超伝導 **179**
長半径 **36**, 37, 42
超ひも理論 **177**
重複組合せ **204**
チョムスキー **11**

つ

対消滅 **165**, 181
対生成 **162**, 165, 174, 181
強い相互作用 **144**, 171, 177

て

定義式 **12**, 13, 135, 214
テイラー展開 22, **23**, 24
ディラック **123**, 129, 154-158, 160-162, 165, 168, 169
電圧 **143**, 144
電位 **144**, 163
電荷 **142**-147, 148, 153, 159-164, 166, 168-171, 174, 175
電荷反転 **169**, 170
電荷保存則 **143**, 171
電荷密度 **153**
電子 20-22, **143**, 157-162, 165, 167-169, 171, 173-175, 179
電磁気学 22, **58**, 59, 61, 84, 123, 142, 153
電子顕微鏡 **22**
電磁波 **19**, 22, 58, 123, 143, 149, 151, 152, 162, 165, 171
電磁場 **145**, 146, 148-150, 163
電磁ポテンシャル **146**
電磁力 **144**, 171, 177
テンソル **115**-121, 128
電場 19, 58, **144**-146, 148-153, 163-165
天文単位 **41**, 42
電流 142, **143**-147, 163, 168, 169
電流密度 **146**-148

と

等温過程 **185**, 214
等価原理 89, **101**, 103, 105, 106, 109
動径 **29**-35, 37-39, 43, 45, 51, 92-99, 102, 144
透磁率 **59**
等速円運動 32, **34**, 92, 164
同値 **18**, 19, 31, 32, 34, 35, 142, 181

索　引

等ポテンシャル面 **91**, 92
特殊相対性原理 **59**, 62
特殊相対性理論 **53**, 56, 58, 64, 67, 68, 72, 73, 82, 100, 105, 106, 121-123, 142
ド・ブロイ **21**
朝永振一郎 **168**, 185, 217
トルク **33**, 34
ドルトン **197**

な
南部陽一郎 **179**, 180, 182

に
ニュートリノ 174, **175**-177
ニュートリノ振動 **176**, 177
ニュートン 25, 34, **41**, 47, 48, 55, 56, 83, 89, 92, 99-101, 105, 217
ニュートンの第1法則 **49**
ニュートンの第2法則 **49**, 51, 139
ニュートンの第3法則 **50**, 51
ニュートン力学 **89**, 99-101, 105, 217

ね
ネイピア数 **10**, 43, 96, 206
ネーター **141**
ネーターの定理 **141**
熱 73, 74, **183**-193
熱運動 **195**, 209
熱機関 **185**, 187
熱源 **193**, 194, 214
熱素 **186**, 187
熱的死 **193**
熱の仕事当量 **188**
熱平衡 **184**, 185, 189, 201, 206-209, 211, 212
熱力学 74, **183**-185, 190, 198, 207, 208, 213, 214, 217
熱力学第1法則 **187**-189, 193
熱力学第2法則 **187**-190, 192, 207, 214
熱力学第3法則 **213**, 214
熱量 **183**, 185, 188, 189, 191-194, 208, 213, 214, 217
ネルンスト **213**

は
場 **89**-92, 100-102, 109
ハイゼンベルク **155**, 160
パウリ **158**, 160, 168, 170
パウリの排他律 **158**
波長 **19**-21, 201
波動性 **21**, 22, 153
場の力 **91**, 177
パリティ **170**, 171, 174
パリティの破れ **171**, 173
ハレー **47**
ハレー彗星 **47**
反作用 **50**, 91
反電子 **161**
反物質 **165**
万有引力 25, 26, 33, 41, **51**, 52, 78, 89, 100, 107, 108, 110, 111, 121, 144, 210
万有引力定数 **51**, 99, 108
万有斥力 **121**, 210
反陽子 **165**, 169
反粒子 **159**-161, 165, 170, 180, 181

ひ
非一様な重力場 **107**
非可換 **129**, 130, 173
光という極限 **64**, 65, 83, 85, 127, 137, 147, 151
光の関係式 **22**, 84, 137, 139
光の軌跡 112, 114, 123, **124**, 127, 133
光の減衰則 **25**
光の伝播 **64**, 65, 81, 84, 111, 114, 122
微視状態 200, **201**, 204, 205, 209, 213, 217
微小仕事 74, **75**, 77, 84
微小変位 **74**-76
ピタゴラスの定理 1, **11**
ヒッグズ場 **182**

ヒッグズ粒子 174, **182**
必要十分 **18**
必要条件 **18**
標準モデル **174**, 176, 182
比例法則 23, **24**

ふ

ファラデー **163**
フィボナッチ数列 1, 4, **5**, 7, 9
フィボナッチ数列比 **7**, 8
フェルミオン **173**
不可逆過程 **184**, 189-192, 194, 212
複合粒子 **174**
複素数 **13**
双子のパラドックス **108**, 111
物体の関係式 **82**, 83
物理定数 **12**
物理量 **22**, 23, 25, 35, 49, 53, 56, 73, 83, 84, 87, 89, 91, 115, 137, 140, 141, 152, 180, 183, 184, 190, 212, 217
負の温度 **210**
不変 **53**, 55, 56, 59, 61, 62, 105, 115, 125, 133, 141, 142, 170
不変式 79, **80**, 81, 139, 140, 152-154
不変性 55, **56**, 125, 140, 142
不変量 **73**, 79-81, 83, 85, 122, 140, 141, 147, 152-154
ブラウン運動 **196**, 197, 212
フラクタル 45, **46**
プランク定数 **20**, 22, 157, 168, 169
分化 **167**
分布関数 **206**

へ

平均変化率 **50**
並進不変性 **141**
平面運動 **35**
ベータ崩壊 **171**, 174, 175
べき関数 **16**, 24, 42
ベクトル **34**, 35, 39, 74, 78, 83, 91, 93, 115-118, 128, 137, 140, 144-147, 152, 153
ベクトルポテンシャル **146**
ペラン **197**
ヘルムホルツ **75**, 87
変位 23, 32, **54**, 55, 65, 74, 97, 196
変位のガリレイ変換 **55**, 65
変位のローレンツ変換 **65**, 66, 81, 82, 106, 136, 138
変換 **53**, 54, 56, 58, 59, 61, 62, 65, 73, 105, 115, 116, 125-127, 132, 136, 137, 140-142, 148, 169, 170, 174

ほ

法則 **15**, 18, 19, 21, 23-27, 31, 35, 36, 39, 41, 43, 44, 46, 47, 51-53, 55, 59, 61, 73, 75, 79, 83, 84, 86, 89, 99, 103, 105, 121, 140, 145, 148, 149, 151, 170, 171, 182, 183, 188, 190, 191, 198
放物線 **1**, 3, 4, 48, 97, 99
放物面 **99**
補集合 **17**
ボソン **173**
保存則 **35**, 77, 79, 96, 122, 140-142, 181
保存力 **78**, 79, 91, 92, 97, 144
ポテンシャル **89**-92, 97, 101, 107, 108, 110, 111, 144, 146
ボルツマン **195**-199, 201, 203, 207-209, 211-214, 217
ボルツマン定数 **208**
ボルツマンの H 関数 **203**, 211
ボルツマンの H 定理 **211**
ボルツマン分布 208, **209**-211

ま

マクスウェル **58**, 59, 84, 145, 149, 151, 172, 195, 206

み

右手の法則 **162**
右ねじの法則 **147**

む
無限遠　3, **25**, 107, 108, 121
無限連分数　**9**-11

め
命題　15, **16**-19, 21, 31, 32, 34, 101, 185, 186, 198
面積速度　**31**, 32, 34, 41

も
モノポール　155, **169**
モルフォゲン　**167**

や
ヤン　**171**-173

ゆ
誘電率　**59**
湯川秀樹　**160**
ゆらぎの現象　**196**

よ
陽子　**143**, 144, 160, 165, 169-171, 174, 175
陽電子　**161**, 162, 165
弱い相互作用　**171**, 177

ら
ラジアン　**29**-31, 43, 92
ラボアジェ　**186**
乱雑さ　**208**, 209

り
力学　**48**, 59, 61, 84, 99-101, 105, 142, 153, 178, 183, 184, 188, 198, 199, 211, 212, 217
力学的エネルギー　**75**, 77, 79, 96, 190
力学的決定論　**198**, 200
離散的　**201**
離心円　**30**, 35
粒子性　**21**, 22, 153
量子　**21**, 22, 158, 169, 204, 205
量子力学　74, 101, 117, 129, **155**, 157, 158, 169, 216

ろ
ローレンツ　**59**
ローレンツ逆変換　**127**, 128, 131, 132, 138, 150, 151
ローレンツ収縮　70, **71**, 72, 135
ローレンツ不変性　**61**, 146, 168
ローレンツ変換　**59**, 61, 64-73, 80, 81, 114-116, 122, 124-128, 131, 132, 134, 136, 138, 140-142, 148-150, 152-154, 163, 169
ローレンツ力　**162**-164

わ
惑星　1, **27**-29, 31, 33, 35, 36, 39, 41-43, 47, 48, 51, 102, 108

英数字
1次変換　**115**
4次元運動量　**85**
4次元時空　**59**, 105, 118
4つの力　**177**

CPT 定理　**170**
CP の破れ　**174**

MRI　**169**

酒井邦嘉（さかい・くによし）
1964（昭和39）年，東京に生まれる．87年，東京大学理学部物理学科卒業．92年，同大学大学院理学系研究科博士課程修了．理学博士．同年，同大学医学部助手．95年，ハーバード大学医学部リサーチフェロー．MIT 言語・哲学科客員教授を経て，現在，東京大学大学院総合文化研究科教授，同理学系研究科物理学専攻教授兼任．第56回毎日出版文化賞，第19回塚原仲晃記念賞受賞．
著書『言語の脳科学』『科学者という仕事』『科学という考え方』
　（中公新書）
『脳の言語地図』『ことばの冒険』『こころの冒険』『脳の冒険』（明治書院）
『脳を創る読書』『考える教室』（実業之日本社）
『芸術を創る脳』（編著，東京大学出版会）
など

URL：http://mind.c.u-tokyo.ac.jp/index-j.html

高校数学でわかるアインシュタイン
科学という考え方

2016年5月27日　初　版

［検印廃止］

著　者　酒井邦嘉

発行所　一般財団法人　東京大学出版会
　　　　代表者　古田元夫
　　　　153-0041　東京都目黒区駒場 4-5-29
　　　　http://www.utp.or.jp/
　　　　電話 03-6407-1069　Fax 03-6407-1991
　　　　振替 00160-6-59964
印刷所　大日本法令印刷株式会社
製本所　誠製本株式会社

ⓒ2016 Kuniyoshi Sakai
ISBN 978-4-13-063362-8　Printed in Japan

JCOPY〈(社)出版者著作権管理機構　委託出版物〉
本書の無断複写は著作権法上での例外を除き禁じられています．複写される場合は，そのつど事前に，(社)出版者著作権管理機構（電話 03-3513-6969, FAX 03-3513-6979, e-mail: info@jcopy.or.jp）の許諾を得てください．

芸術を創る脳 　美・言語・人間性をめぐる対話	酒井邦嘉編	四六判/272頁/2500円
東大エグゼクティブ・マネジメント 　課題設定の思考力	東大 EMP・ 横山禎徳編	四六判/256頁/1800円
東大エグゼクティブ・マネジメント 　デザインする思考力	東大 EMP・ 横山禎徳編	四六判/272頁/2000円
アインシュタイン レクチャーズ＠駒場 　東京大学教養学部特別講義	太田・松井・ 米谷編	四六判/304頁/2600円
物理学序論としての力学（基礎物理学1）	藤原邦男	A5判/280頁/2400円
マクスウェルの渦 アインシュタインの時計 　現代物理学の源流	太田浩一	A5判/384頁/3500円
解析力学・量子論	須藤靖	A5判/288頁/2800円
熱力学の基礎	清水明	A5判/432頁/3800円

ここに表示された価格は**本体価格**です．御購入の
際には消費税が加算されますので御了承下さい．